郑军◎主编

数码时代最强音

SHUMA SHIDAI ZUI QIANGYIN

冯志刚◎编著

山西出版传媒集团　山西教育出版社

图书在版编目（C I P）数据

数码时代最强音 / 冯志刚编著. —太原：山西教育出版社，2015.4（2022.6 重印）
（科学充电站/郑军主编）
ISBN 978-7-5440-7551-0

Ⅰ. ①数… Ⅱ. ①码… Ⅲ. ①科学技术-技术史-世界-青少年读物 Ⅳ. ①N091-49

中国版本图书馆 CIP 数据核字（2014）第 309804 号

数码时代最强音

责任编辑 彭琼梅
复　　审 李梦燕
终　　审 薛海斌
装帧设计 陈　晓
印装监制 蔡　洁

出版发行 山西出版传媒集团·山西教育出版社
（太原市水西门街馒头巷 7 号 电话：0351-4729801 邮编：030002）
印　　装 北京一鑫印务有限责任公司
开　　本 890×1240 1/32
印　　张 6.5
字　　数 179 千字
版　　次 2015 年 4 月第 1 版 2022 年 6 月第 3 次印刷
印　　数 6 001—9 000 册
书　　号 ISBN 978-7-5440-7551-0
定　　价 39.00 元

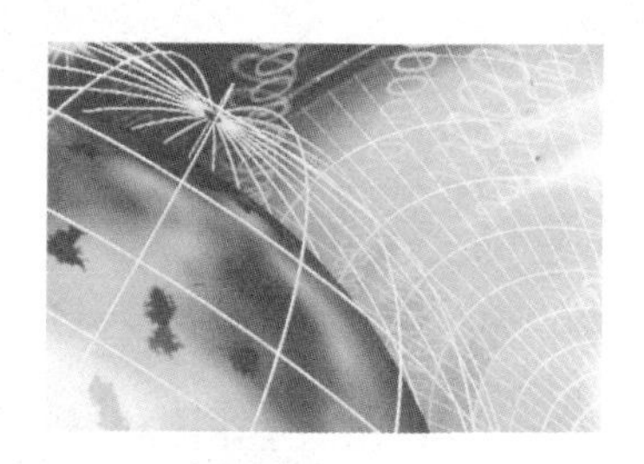

目 录.

三

朋克时代 32

四

极客年代　52

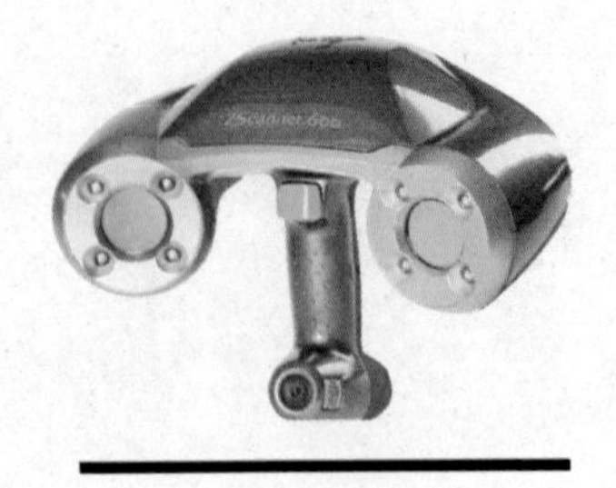

五

黑客年代　82

六

创意年代 120

写在前面的话

今天，很多我们生活中习以为常的东西，笔电、数码相机、智能手机……如果你仔细回忆一下，30年前，这些还是科幻小说中的未来道具，20年前还是科技杂志上的概念产品，10年前还是奢侈的遥不可及的高价品，而今天，我们却把它们当成了必不可少的日常用品，要是没有了手机、电脑，上不了网，有的人可能都不知道该吃什么喝什么，怎么和人交流了。

我们所生活的这个年代，静下来看看，是多么神奇，也许真的是前无古人后无来者，我们的先人几千年来所有的发明创造，在20世纪面前显得如此单薄，原始得掉了渣，而整个20世纪的创新，与个人电脑为代表的新型数码产品相比，又显得那么的落后。我们这一代人，真的是上天眷顾的族群，而那些引领数码科技时尚的发明家、设计师，就是上帝派遣的天使，他们创造的无数有趣玩意儿，让我们的生活充实丰富，至于能不能快乐，还是增添了新的烦恼，那就是我们这些凡夫俗子自己的事情了。

这本书，点滴采撷了一些数码科技史上的辉煌时刻和经典技术，以管窥豹，向读者粗略地展示出以视听应用为核心，以电脑技术为支撑的数码科技的发展历程，希望读过这本书的朋友，能够更深刻地领悟我们这个时代，并在你沉迷网络游戏或者大片热剧的时候，能够钻研钻研技术，看看自己有没有机会，像苹果公司的乔布斯那样，稍微改变一下这个世界，让未来的人们也有机会偶尔回忆起你的人生……

一 数码史前

就像地球史的恐龙时代，数码科技兴起前的几千年，人类也创造了丰富多彩的文明历史，而且一些数码技术的雏形已经出现，尤其是那些围绕着计算、通信和视听传达的创意，其实正是现代数码技术的直系祖先。

1 电子计算机的前身：算筹、算盘和计算尺

古时候，人们用小木棍进行计算，这些小木棍叫“算筹”，用算筹作为工具进行的计算叫“筹算”。后来，随着生产的发展，用小木棍进行计算受到了限制，人们又发明了更先进的计算工具——算盘。

算盘的起源问题直至今天仍是众说纷纭，莫衷一是。归纳起来，主要有三种说法。

一是清代数学家梅启照等主张的东汉、南北朝说。其依据是，东汉数学家徐岳写过一部《数术记遗》，当时的珠盘不是穿珠算盘——珠中无孔(没有档)，是一种记数工具或者只能做加减法的简单算板，与后来出现的珠算，不能同日而语。

二是清代学者钱大昕等主张的元明说，即算盘出现在元朝中叶，到元末明初已普遍使用。永乐年间编的《鲁班木经》中，已有制造算盘的规格、尺寸，还出现了介绍珠算用法的著作，因此算盘在明代已被广泛使用，这是毫无疑问的了。

三是随着新史料的发现，又形成了算盘起源于唐朝、流行于宋朝的说法。宋代名画《清明上河图》中，画有一家药铺，其正面柜台上赫然放有一架算盘，经珠算专家将画面摄影放大，确认画中之物是与现代使用算盘形制类似的串挡算盘。唐代是中国历史上的盛世，经济文化都较发达，需要有新的计算工具，使用了两千年的“筹算”在此时演变为“珠算”。

算盘是中华民族宝贵的文化遗产。而欧洲文艺复兴时期，计算工具开始有了新的发明，方向全是机械。先是意大利物理学家伽利略发明了“比例规”,这是一种最简单的按比例关系设计的机械。然后，英国人甘特发明了计算尺，运用了对数原理。同时，英国人席卡德构思出机械式计算机，大致是应用齿轮拨动原理。再往后，法国数学家帕斯卡把构思变成了现实，发明了能加减的计算机，后来德国科学家莱布尼茨发明了能做四则运算的机械式计算机。

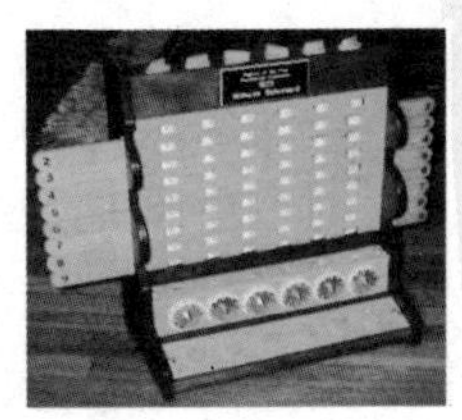

机械计算机 △

西方这些机械，人只是把已知数“放上去”，而最关键的一步——计算，让机器“自己干”。帕斯卡的“机械加法器”是由一系列齿轮组成的装置，用钥匙旋紧发条作动力，用齿轮转动来做加法，比如转一齿算是加了一个数，遇到“逢十进一”,靠棘轮解决。一旦齿轮转到0，棘爪就“咔嚓”一声跌落下来，推动十位数的齿轮就前进一挡，非常巧妙。

当时的数学家想完成一系列连续的计算，加法器每算一次都要拨已知数，这很麻烦，于是有了“程序”,即“自动连续计算”。人们发明了“差分机”,后来是更先进的“解析机”,灵感都来自提花织布机，它是把一系列机械动作分析后，制成一种穿孔卡片，用纵横交错的小孔来控制动作的先后和位置。这种“穿孔卡片”思想就是后来的电子计算机最初的原理。一直到20世纪中后期，输出、输入和编程还是所谓“穿孔纸带”，最近几十年才演变成屏幕和键盘的。

差分机 △

待日新月异的数学新发明不断投入到计算机中，计算机就能一变再变，万变乃至无穷！

2 数码史前时代的光速通信

今天，当你想和身在万里之外的朋友聊天，只要打开电脑里的QQ，对着摄像头招招手就可以千里传音传像了，这是数码时代的便利。那么在数码史前时代，人们是如何与千里之外的朋友沟通的呢？难道古人也有他们的光速远程通信技术吗？让我们穿越回去看一下吧！

【方式一】邮差驿路

难度★★★★★　速度☆　准确度★★★★　安全性★★

古代最常用的方式除了自己走一趟，恐怕就属依靠邮政系统传递信件了，这种方式速度慢，少则一周两周，多则一年半载，永远收不到也是常有的事。

【方式二】借助自然

难度★　速度☆　准确度★★★★　安全性☆

据说哥伦布发现美洲新大陆后决定返航。不料1493年2月24日深夜，海面上刮起狂风，哥伦布担心万一船沉海底，世界上将不知道他们的新发现，唯一的办法，就是将发现新大陆的经过，写在羊皮纸上，连同一幅美洲地图，用浸过蜡的布紧紧包裹起来，塞进木桶里，抛向大海，希望有朝一日能被人发现。幸运的是，过了5天，海面恢复平静，哥伦布平安回到巴塞罗那港。而这封木桶信却直到1852年才被美国船长在直布罗陀海峡捡到。算一下，这封信在辽阔的洋面上足足漂了359年！这速度用“龟速”来形容，都属于奢侈了。

▽ 漂流瓶

【方式三】宠物传情

难度★★★★　速度★★★　准确度★★★★　安全性★★

这主要是指信鸽传书了，这些神奇的小动物不但飞得快，还特别认家，几千千米外都能飞回自己的窝，所以速度在古代来说绝对是三星级的，唯一的问题可能是古代也有虐宠的混蛋，喜欢把鸽子射下来填牙缝，所以安全性还是没达标。

【方式四】烽火报警

难度★★★★　速度★★★★　准确度★★　安全性★★★

“烽火”是我国古代用以传递边疆军事情报的一种通信方法，始于商周，延至明清，相习几千年之久，其中尤以汉代的烽火组织规模最大。在边防军事要塞或交通要冲的高处，每隔一定距离建筑一烽火台，发现敌人入侵，燃烧狼烟报警，逐台传递，须臾千里。不过这个方式的信息承载量太低，一股子浓烟，说不清道不明，古代出了个烽火戏诸侯的故事就不足为奇了。

◁ 烽火台

【方式五】通信塔台

难度★★★★　速度★★★★　准确度★★★★　安全性★★★

18世纪，法国研制出由建立在巴黎和里尔230千米间的若干个通信塔组成的通信系统。在这些塔顶上竖起一根木柱，木柱上安装一根水平横杆，人们可以使木杆转动，并能在绳索的操作下摆动形成各种角度。这样，每个塔通过木杆可以构成192种不同的构形，附近的塔用望远镜就可以看到表示192种含义的信息。这样依次传下去，在230千米的距离内仅用2分钟便可完成一次信息传递。该系统在18世纪法国革命战争中立下了汗马功劳。这算得上是古代最接近光速的通信技术了！

摇臂信号机 △

3 埙：原始社会的随身听

人类对美妙声音的追求，不知道能追溯到什么时代。现在的潮人们可以头戴HIFI耳麦，腰挂高档音源，那么在史前时代的发烧友，会随身携带什么样的神器呢？

埙，俗称土梨，是中国迄今发现的最早的吹奏乐器之一，大多由泥土制成。据考古学家考证，埙产生于史前时代，首次发掘是在西安的半坡遗址，该遗址记载了大约七千年前繁荣的母系氏族社会的人类文明。

目前我国发现的最古老的埙，一个是七千年前浙江杭州湾河姆渡原始居民使用的一孔埙；另外两个是西安半坡村母系社会遗址出土的，其中一个只有吹孔，另一个除吹孔外，还有一个音孔，能吹两个音。这两个埙大约也有六千七百多年的历史了。

古埙 △

埙还在山西、甘肃、河南、山东等地出土过。从出土文物看，埙经历了漫长的阶段，大约在四五千年前，埙由一个音孔发展到两个音孔，能吹三个音。进入奴隶社会以后，埙得到了进一步的发展，前些年在甘肃玉门火烧沟出土的父系社会晚期至奴隶社会初期的埙，有三个音孔，能吹四个音。到公元前一千多年的晚商时期，埙发展到五个音孔，能吹六个音。到公元前七百多年前的春秋时期，埙已有六个音孔，能吹出完整的五声音阶和七声音阶了。埙由一个音孔发展到六个音孔，经历了三千多年的漫长岁月。

埙的种类很多，传统的埙多为卵形埙，现在则有葫芦埙、握埙、鸳鸯埙、子母埙等多种，样式美观，工艺精细。

埙的音色幽深、悲凄、哀婉、绵绵不绝，具有独特的音乐品质。也许正是埙这种特殊音色，古人在长期的艺术感受与比较中，就赋予了埙和埙的演奏一种神圣、典雅、神秘、高贵的精神气质。《乐书》说："埙之为器，立秋之音也。平底六孔，水之数也。中虚上锐，火之形也。埙以水火相和而后成器，亦以水火相和而后成声。故大者声合黄钟大吕，小者声合太簇夹钟，要皆中声之和而已。"

古人将埙的声音形容为立秋之音，更使我们体会到一幅朦胧而令人神往的艺术画面：秋天是金黄色的，是冷静的，是令人深思的，时光流逝，又有一种淡淡的悲凄和感伤。秋风扫落叶的现实，又使人平添几分愁绪。这就是埙的声音，这就是立秋之音。

中国古人吹埙，吹了几千年，其声浊而喧喧然，寄托了古代文人雅士面对时光长河流逝如斯的失落感，但时光仍在无情地推进；中国古人吹埙，吹了几千年，其声悲而幽幽然，融汇了古代墨客骚人对封闭而沉重的中国历史无可奈何的批判精神，但历史仍然在按中国既定的轨迹运行。从某种意义上说，埙不是一般用来把玩的乐器，埙是一件沉思的乐器，怀古的乐器，这就难怪它"质厚之德，圣人贵焉"了。

著名的埙曲有：《楚歌》、《妆台秋思》、《风竹》、《伤别离》、《杏花天影》、《问天》、《苏武牧羊》、《阳关三叠》等。

我突发奇想：要是把现在的音乐播放器或者便携音箱做成埙的样子挂在身上，是不是也挺酷的呢？

八孔埙

4 摄影的雏形，从小孔成像到摄影暗箱

小孔成像是光学最重要的原理之一，也是摄影术的基础。早在公元前四百多年，我国的《墨经》一书就详细记载了光的直线传播、光的反射，以及平面镜、凹面镜、凸面镜的成像现象。希腊亚里士多德的《质疑篇》也对小孔成像进行过验证和叙述。这是人类在光学知识方面的最初记载。

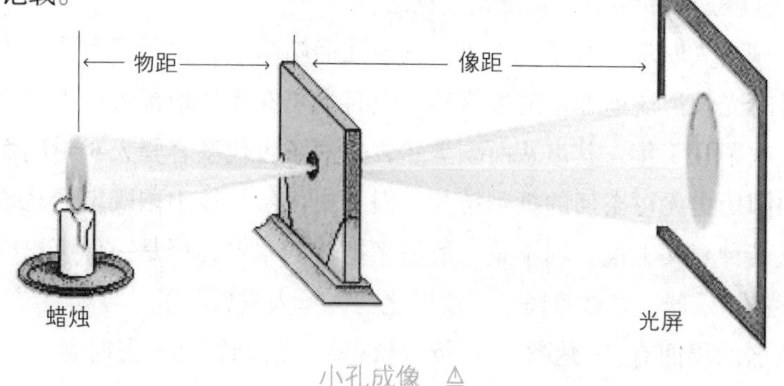

小孔成像 △

到了宋代，在沈括所著的《梦溪笔谈》一书中，还详细叙述了“小孔成像匣”的原理。

1100年，埃及物理学家阿尔哈桑就针孔镜箱的运用和反射定律的原理做了记述。1250年，欧洲修道士马格纳斯发现银盐受光后变黑的现象。至此，发明摄影术两方面的基础都已形成。

摄影的雏形是在文艺复兴时期形成的。当时的艺术家为了准确地解决作品中的透视问题，发现暗室是极有用的工具，根据数学和光学原理装配起来的暗室可以准确无误地将对象投影到墙面上。

波尔塔的《自然的魔力》第一次明确地叙述了暗箱的用法。十年后另一位名叫巴尔的教授在一篇论透视的文章中指出，用透视镜代替针孔

能使影像明亮数倍。于是最初意义上的照相机诞生了。

人们设计暗室的目的原先只是为了辅助对呈透视现象的景物的描绘，最初的照相机实际上是个可以容人入内工作的房间，以后才逐渐缩小为不设窗户的轿子，以便于搬动。轿子顶上装有镜头及反光镜，将光线引导到轿子内的画板上，形成影像。

更轻便的，只容上半身进入的折叠式暗箱也随之出现。18世纪初，艺术家制成了一种新的反光式暗箱，他们在原先的画板处安上磨砂玻璃，就可以在箱外看见投射在玻璃上的影像，覆上薄纸用笔描摹，一幅纤毫毕肖的图画便完成了。18世纪末，随着市民阶层的兴起，人们需要大量的廉价画像，传统的肖像画无论从价格上还是出品率上都再也不能适应民众的需求，于是克雷蒂安（Chrétien）的“相貌轮廓描绘术”在1786年应运而生。借助于相貌轮廓描绘术，即使从未捏过画笔的初学者也能画出相当准确的人物画像。由于可以将蚀刻铜板的工具与供描摹的尖笔相连，还能够迅速制成铜版，成倍复制画像。

成像暗箱

1807年，英国画家奥拉斯顿制作了一种明箱，可以让画家在明亮的地方操作，明箱前端的眼际处设一片玻璃棱镜，对象和纸上的图像同时映入棱镜，相叠其间。

对小孔成像原理和玻璃透镜的成功运用，暗箱、明箱以及相貌轮廓描绘术的相继发明，打开了艺术殿堂的大门，连许多从未涉足画坛的人都可以拿出具有专业水平的画作来。新奇的发明激励着人们，他们不会满足眼下的成功，总期待着有这样一种照相机，相机本身能迅速固定影像而不再借助笔的描摹，这就是后来出现的现代照相机。

5 大片不插电：走马灯皮影戏和拉洋片

影视动画对于现代人来说不仅仅是司空见惯，更成了生活的必需品，但在古代，能够活动起来的画面，简直就是奇迹，就是魔法！

皮影戏

皮影戏，又称“影子戏”或“灯影戏”，是一种以兽皮或纸板做成的人物剪影，在灯光照射下用隔亮布进行演戏，是我国民间广为流传的傀儡戏之一。表演时，艺人们在白色幕布后面，一边操纵戏曲人物，一边用当地流行的曲调唱述故事，同时配以打击乐器和弦乐，有浓厚的乡土气息。皮影戏是中国民间的一门古老传统艺术，老北京人都叫它“驴皮影”。两千多年前，汉武帝爱妃李夫人染疾故去了，武帝思念心切神情恍惚，终日不理朝政。大臣李少翁一日出门，路遇孩童手拿布娃娃玩耍，影子倒映于地栩栩如生。李少翁心中一动，用棉帛裁成李夫人影像，涂上色彩，并在手脚处装上木杆。入夜，围方帷，张灯烛，恭请皇帝端坐帐中观看。武帝看罢龙颜大悦，就此爱不释手。这个载入《汉书》的爱情故事，被认为是皮影戏的起源。

走马灯，又名马骑灯，古称蟠螭灯（秦汉）、仙音烛（唐）、转鹭灯（唐）、马骑灯（宋），西方称魔灯，是中国传统玩具之一，灯笼的一种，常见于元宵、中秋等节日。灯内点上蜡烛，蜡烛燃烧产生的热量形成气流，令轮轴转动。轮轴上有剪纸，烛光将剪纸的影投射在屏上，图像便不断走动。因多在灯各个面上绘制古代武将骑马的图画，而灯转动时看起

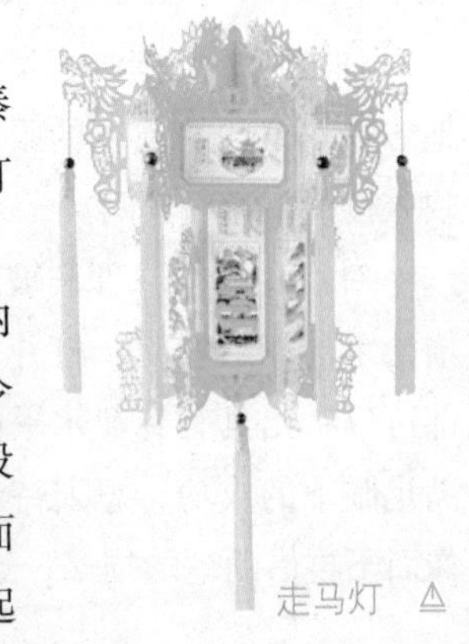
走马灯

来好像几个人你追我赶一样，故名走马灯。走马灯内的蜡烛需要切成小段，放入走马灯时要放正，不能斜放。走马灯的制作原理，与现代燃汽机相同。欧洲在1550年发明了燃汽轮，用于烤肉。在工业革命中，燃汽轮得到发展，用于工业生产，产生了革命性的后果。可惜的是，中国古代发现、利用空气驱动的原理，制造玩具，但始终没有能进一步加以研究，使之在生产活动中得到应用。

拉洋片，又名西湖景。清末由河北传入北京。初起的形式是：以布做墙围成直径约7米的场地，内容二三十位观众。有画挂于人前，画面高约2.5米，宽约3.3米，上绘各地山水兼人物，一张画成一卷。观众看完一张后，演员用绳索放下另一张。同时，用木棍指点画面并做解释。另有人打着锣鼓招揽观众。后经多年变化，其表演形式为：用一木制箱，分上下两层，每层高约0.8米、长约1米。下层的正前面有四个或六个圆形孔，孔中嵌放大镜。箱内装有八张以“西湖十景”或以历史、民间故事为题材的画面，演员用绳索上下拉动替换。木箱旁装有用绳牵动的锣、鼓、钹三种打击乐器，演员每唱完一段唱词后，以打击乐器伴奏。清末民初，天桥并护国寺、白塔寺、隆福寺等庙会以及京郊的丰台镇、通州等集市上均能见到拉洋片的表演。

拉洋片 ◁

二 数码元年

真正的数码科技时代，其实要追溯到计算机发明的那个时刻，正是这个伟大的创新，将人类之前近百年积累的电子技术集为大成，让人工智能变成了满足人类视听享受的崭新玩具。

提起计算机，现代人最先想到的可能会是轻薄的笔记本电脑，但是在数码时代的元年，只有极少数科学家知道什么是计算机，而且他们所知的计算机，都是栖身在房间里的庞然大物，是无论如何也放不进一只小小的笔记本电脑包的。

世界上第一台现代电子计算机“埃尼阿克”（ENIAC），诞生于1946年2月14日的美国宾夕法尼亚大学，并于次日正式对外公布。在宾大莫尔电机学院揭幕典礼上，这个庞然大物为来宾表演了它的“绝招”——在1秒钟内进行了5 000次加法运算，这比当时最快的继电器计算机的运算速度要快1 000多倍。这次完美的亮相，使得来宾们喝彩不已。ENIAC长30.48米，宽1米，占地面积约170平方米，30个操作台，约相当于10间普通房间的大小，重达30吨，耗电量150千瓦，造价48万美元。它包含了17 468个真空管、7 200个水晶二极管、70 000个电阻器、10 000个电容器、1 500个继电器、6 000多个开关，每秒执行5 000次加法或400次乘法，是继电器计算机的1 000倍、手工计算的20万倍。

电子计算机正是在第二次世界大战弥漫的硝烟中开始研制的。如前面所述，当时为了给美国军械试验提供准确而及时的弹道火力表，迫切需要一种高速的计算工具。因此在美国军方的大力支持下，世界上第一

ENIAC计算机 △

台电子计算机ENIAC于1943年开始研制。参加研制工作的是以宾夕法尼亚大学莫尔电机工程学院的莫西利和埃克特为首的研制小组。

十分幸运的是，当时任弹道研究所顾问、正在参加美国第一颗原子弹研制工作的数学家冯·诺依曼（John von Neumann，1903—1957，美籍匈牙利人）带着原子弹研制过程中遇到的大量计算问题，在研制过程中期加入了研制小组。原本的ENIAC存在两个问题——没有存储器且它用布线接板进行控制，甚至要搭接几天，计算速度也就被这一工作抵消了。1945年，冯·诺依曼和他的研制小组在共同讨论的基础上，发表了一个全新的“存储程序通用电子计算机方案”——EDVAC（Electronic Discrete Variable Automatic Computer），在此过程中，他对计算机的许多关键性问题的解决做出了重要贡献，从而保证了计算机的顺利问世。

以现在的眼光来看，这当然很微不足道。但这在当时可是很了不起的成就！原来需要20多分钟时间才能计算出来的一条弹道，现在只要短短的30秒！这可一下子缓解了当时极为严重的计算速度大大落后于实际要求的问题。ENIAC还为世界上第一颗原子弹的诞生出了不少力。

虽然ENIAC体积庞大，耗电惊人，运算速度不过几千次（现在世界上最快的超级计算机是中国的“天河二号”,运行速度为每秒5亿亿次浮点计算），但它比当时已有的计算装置要快1000倍，而且还有按事先编好的程序自动执行算术运算、逻辑运算和存储数据的功能。ENIAC宣告了一个新时代的开始。从此，科学计算的大门也被打开了。

第一阶段：1839年8月19 日，法国画家达盖尔公布了他发明的“达盖尔银版摄影术”，于是世界上诞生了第一台可携式木箱照相机。

1841年，光学家沃哥兰德发明了第一台全金属机身的照相机。这种照相机安装了世界上第一个由数学计算设计出的、最大相孔径为1：3.4的摄影镜头。

1849年，戴维·布鲁斯特发明了立体照相机和双镜头的立体观片镜。

1861年，物理学家麦克斯威发明了世界上第一张彩色照片。

1866年，德国化学家肖特与光学家阿具在蔡司公司发明了钡冕光学玻璃，产生了正光摄影镜头，使摄影镜头的设计制造得到迅速发展。

1888年，美国柯达公司生产出了新型感光材料——柔软、可卷绕的“胶卷”，这是感光材料的一个飞跃。同年，柯达公司发明了世界上第一台安装胶卷的可携式方箱照相机。

1906年，美国人乔治·希拉斯首次使用了闪光灯。

1913年，德国人奥斯卡·巴纳克研制出世界上第一台135照相机。

老式照相机 △

第二阶段：从1925年至1938年。这段时间内，德国的莱兹、罗莱、蔡司等公司研制生产出了小体积、铝合金机身等双镜头及单镜头反光照相机。在此阶段，照相机的性能逐步提高和完善，光学式取景器、测距器、自拍机等被广泛采用，机械快门的调节范围不断扩大。照相机制造业开始大批量生产照相机，各国照相机制造厂纷纷仿制莱卡型和罗莱弗莱型照相机。黑白感光胶片的感光度、分辨率和宽容度不断提高；彩色感光片开始推广。

第三阶段：1939年之后。此阶段的前半期即20世纪60年代之前，黑白、彩色胶片的质量有了进一步的提高；光学工业制成了含有稀有元素的新型光学玻璃，如镧、钛、镉等玻璃，从而更好地校正了摄影镜头的像差，使镜头向大孔径和多种焦距的方向迅速发展。因而，出现了变焦、微距、折反射式、广角等多种摄影镜头，镜头单层镀膜得到普遍推广，照相机出现了计数器自动复零、反光镜自动复位、半自动和全自动收缩光圈等结构。

从20世纪60年代初至90年代末为第三阶段的后期。这期间，第一台自支调焦照相机——柯尼卡C35A型135照相机、第一台双优先式自动曝光照相机——美能达XDG型135单镜头反光照相机相继出现，开创了一台相机具有多种曝光功能的先例。这期间，光学传递函数理论进入了光学设计领域，出现了成像质量高、色彩还原好、大孔径、低畸变的摄影镜头。同时，镜头向系列化发展，由焦距几毫米的鱼眼镜头到焦距长达2米的超摄远镜头，并有了透视调整、变焦微距、夜视等摄影镜头。电子技术逐渐深入到照相机内部，多种测光、高精度的电子镜间快门、电子焦平面快门以及易于控制的电子自拍机等都纷纷出现。曝光补偿、存储记忆、多纪录功能、电动上弦卷片、自动调焦等各种功能得到愈益精美的应用，高度自动化、小型、轻便达到了前所未有的高度。

但是贪心的人类却在期待着一种不需要胶卷的照相机的出现。

柯尼卡C35 ▽

3 电影摄影机的早期发展

1872年的一天，在美国加利福尼亚州一个酒店里，斯坦福与科恩发生了激烈的争执：马奔跑时蹄子是否都着地？争执的结果谁也说服不了谁，于是就采取了美国人惯用的打赌方式来解决。于是两位富翁请来了英国摄影师爱德华·麦布里奇来做实验。麦布里奇把24架照相机的快门连上24根线，在极短的时间里，使照相机依次拍下24张照片，再将这些照片一张一张地依次按次序看下去，以便观察马儿是怎么样跃进的。为了这一实验，麦布里奇和助手们历时六年的工夫，终于拍出了一套宝贵的"马跑小道"的珍贵资料，同时也证实了科恩的"马奔跑时始终有一蹄着地"的预言是正确的。然而，麦布里奇的成功又向人们提出了一个新的问题：如何解决连续摄影的问题，因为他用24架照相机仅仅只能拍摄奔马的一段动作，如果奔马跑1千米长的距离，就得用成千上万架照相机，胶卷的长度将会绕地球一周了。

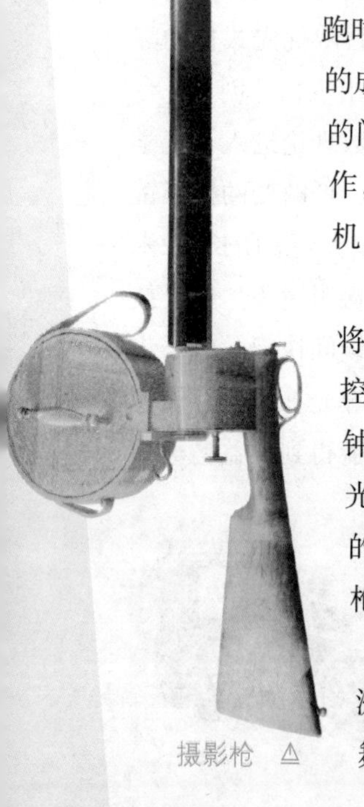

摄影枪 △

1874年，法国的朱尔·让桑发明了一种摄影机。他将感光胶片卷绕在带齿的供片盘上，在一个钟摆机构的控制下，供片盘在圆形供片盒内做间歇供片运动，同时钟摆机构带动快门旋转，每当胶片停下时，快门开启曝光。让桑将这种相机与一架望远镜相接，能以每秒一张的速度拍下行星运动的一组照片。让桑将其命名为摄影枪，这就是现代电影摄影机的始祖。

1882年，麦布里奇带上自己拍摄的连续照片到欧洲旅行时，他们的成果使法国学者马莱受到了极大的鼓舞，经过几年的不懈努力，他运用左轮手枪的原理，创造出一种轻便的“摄影枪”，这是第一架能从一个镜头里，1秒钟内获取若干底片的摄影机，它真正解决了连续摄影的问题，说明现代的摄影机和摄影技术已经诞生。

同年，法国的朱尔·马雷发明了另一种新式摄像机。这种摄像装置形状像枪，在扳机处固定了一个像大弹仓一样的圆盒，前面装上口径很大的枪管，圆盒内装有表面涂有溴化银乳剂的玻璃感光盘。拍摄时，感光盘做间歇圆周运动，遮光器与感光盘同轴，且不停地转动，遮断和透过镜头摄入光束。可以用1/100秒的曝光速度以每秒12张的频率摄影。

1888年，马雷用绕在轴上的感光纸带代替了固定感光盘，当感光纸带通过镜头的聚焦处时，两个抓钩机构固定住感光纸带使其曝光。后来，马雷又用感光胶片代替了感光纸带。马雷的摄影机不断改进，最终可以在9厘米宽的胶片上以每秒60张的频率拍摄。

1889年，美国的爱迪生发明了一种摄影机。这种摄影机用一个尖形齿牙轮来带动19毫米宽的未打孔胶带，在棘轮的控制下，带动胶带间歇式移动。这种摄影机由电机驱动，遮光器轴与一台留声机连动，摄影机运转时留声机便将声音记录下来。在此基础上，又发明了一种活动摄影机。摄影机中有一个十字轮机构控制胶片做间歇运动，另有一个齿轮带动胶片向前移动。摄影机使用带片孔的35毫米胶片，至今电影行业仍有使用。

爱迪生摄影机 △

4 让音乐绕梁三日的留声机

留声机是第一种用来放送唱片录音的电动设备，由美国发明家爱迪生在1877年发明。后来，随着科技的进步，电唱机发展、演化为磁带录音机、CD机和数字式mp3播放器。

爱迪生根据电话传话器里的膜板随着说话声会发生震动的现象，拿短针做了试验，从中得到很大的启发。说话的快慢高低能使短针产生相应的不同颤动。那么，反过来，这种颤动也一定能发出原先的说话声音。于是，他开始研究声音重发的问题。

1877年8月15日，爱迪生让助手克瑞西按图样制出一台由大圆筒、曲柄、受话机和膜板组成的怪机器。爱迪生指着这台怪机器对助手说："这是一台会说话的机器。"他取出一张锡箔，卷在刻有螺旋槽纹的金属圆筒上，让针的一头轻擦着锡箔转动，另一头和受话机连接。爱迪生摇动曲柄，对着受话机唱起了"玛丽有只小羊羔……"唱完后，把针又放回原处，轻悠悠地再摇动曲柄。接着，机器不紧不慢、一圈又一圈地转动着，唱起了"玛丽有只小羊羔……"与刚才爱迪生唱的一模一样。在一旁的助手们看到这架会说话的机器，竟然惊讶得说不出话来。

留声机 ⚠

"会说话的机器"诞生的消息，轰动了全世界。1877年12月，爱迪生公开表演了留声机，外界舆论马上把他誉为"科学界之拿破仑·波拿巴"。留声机是19世纪最引人振奋的三大发明之一。

1878年4月24日，爱迪生留声机公司在纽约百老汇大街成立，并开始销售业务。他们将这种留声机和用锡箔制成的很多圆筒唱片配合起来，出租给街头艺人。

最早的家用留声机，是1878年生产的爱迪生·帕拉牌留声机，每台售价10美元。

爱迪生在发明留声机之后，一改再改。他仅在留声机上的发明专利权就超过了一百项。他是耳聋之人，能发明这样一个发声的机器实在是令人惊异。

为了改进这些不足之处，爱迪生马不停蹄地投入研究工作，研制了第二代留声机。在第二代留声机的话筒上，加了一个喇叭形的音筒，作为扩音器用；用蜡筒代替锡箔，这样蜡筒可以重复使用；机箱里装上了驱动结构，每次只要上紧发条，就可以自动录放。

1887年，爱弥尔·柏林纳制造了一种新型留声机。它的特点是，用圆盘形的唱片代替了大唱筒，唱片用两个手摇转轮带动。这种唱片留声机与唱筒留声机相比，性能有了明显提高，是现代电唱机的雏形。

爱迪生也在不断地改进留声机的性能。1888年，他把唱筒留声机装上了电源，用电瓶启动，然后用接有软管的耳机收听。改进后的留声机，声音清晰逼真。不过，后来唱片还是取代了唱筒。

改进后的留声机 △

5 人人都是千里耳：收音机

收音机，由机械器件、电子器件、磁铁等构造而成，用电能将电波信号转换并能收听广播电台发射音频信号的一种机器。又名无线电、广播等。

1888年，德国科学家赫兹(Heinrich Rudolf Hertz)发现了无线电波的存在。

1895年，俄罗斯物理学家波波夫宣称在相距600码的两地，成功地收发无线电信号。

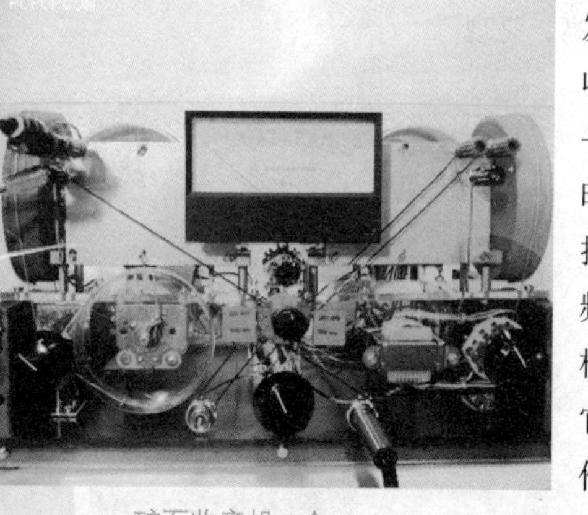

矿石收音机 △

1910年，美国人邓伍迪和皮卡尔德发明了世界上第一台矿石收音机。矿石收音机的诞生宣告着一个时代的开始，一个收音机成为消费品进入千家万户的时代。矿石收音机是一个简单的无线电接收机，由长导线天线、用于选择信号频率的调谐器和由二极管解调器构成的检波器组成，这种收音机的最大特点是它不需要任何的电池和电能就能够工作，这一特点让其在那个电力不算普及的年代获得了极大的优势。

20世纪20年代初期是电子管收音机疯狂增长的年代，其一，上面已经说过了得益于军事科技的发展；其二，1920年美国匹兹堡KDKA电台作为世界上第一家商业电台面向民众正式开播之后，人们对信息压抑百年的渴望如决堤的洪水一样汹涌而出。在短短的两年内，电台就以惊人的速度在美国范围内增长到了500家。如果能回到那个时代，你站在美国任何一家电器商店前都会看到蜂拥购买电子管收音机的普通民众排出了一条龙一样的队伍。电子管收音机的风靡程度可见一斑。电子管收音机相对于早期的矿石收音机来说，最大的优势在于其使用方便且音质浑厚，使用者不需要具有专业的电子基础就可以很好地对收音机进行操作，由于采用单独供电及电子管对电路进行放大，对信号强度的要求相对矿石收音机来说要低很多很多，这一优势为电台的普及提供了良好的硬件基础。虽然电子管收音机相比矿石收音机已经有了大幅度的进化与加强，但是电子管收音机的辉煌时代仅仅持续了30年。

电子管收音机 △

1954年11月是收音机发展史上的又一个节点，由美国印第安纳州的印第安纳波利斯市工业发展工程师协会Regency部研制的世界上第一台超小型晶体管收音机以高昂的售价投放市场，其售价为49.95美元（相当于2005年的361美元），虽然价格高得超乎想象（当时一台很好的电子管收音机不超过15美元），但也在一年之间创造了销售15万套的惊人成绩。如果说电子管收音机的普及是因为战争的催化，那么晶体管收音机诞生与普及的催化剂就是人们的欲望了。沉重的电子管收音机并非每个人都喜欢，市场对超小型便携收音机的渴望已经变得无比强烈了。

20世纪50年代典型的便携式（电子管）收音机大小如同午餐盒，内置多个大型电池：一个或者多个A型电池负责加热电子管灯丝，剩下的45~90伏特B型电池给其他电路供电。而一个晶体管收音机完全可以装到口袋里，质量不超过250克，用手电筒的电池或者单节9V电池供电。

6 人力互联网：电报

电报是一种早期、可靠的即时远距离通信方式，它是19世纪30年代在英国和美国发展起来的。电报信息通过专用的交换线路以电信号的方式发送出去，该信号用编码代替文字和数字，通常使用的编码是莫尔斯编码。现在，随着电话、传真等的普及应用，电报已很少被人使用了。其实电报使用的是原始的数字通信技术，它才是互联网的鼻祖。

1753年2月17日，在《苏格兰人》杂志上发表了一封署名C.M.的书信。在这封信中，作者提出了用电流进行通信的大胆设想。虽然在当时还不十分成熟，而且缺乏应用推广的经济环境，却使人们看到了电信时代的一缕曙光。

1793年，法国查佩兄弟俩在巴黎和里尔之间架设了一条230千米长的接力方式传送信息的托架式线路。据说两兄弟是第一次使用了“电报”这个词。

1832年，俄国外交家希林在当时著名物理学家奥斯特电磁感应理论的启发下，制作出了用电流计指针偏转来接收信息的电报机；1837年6月，英国青年库克获得了第一个电报发明专利权，他制作的电报机首先在铁路上获得应用。不过，这种方式很不方便、不实用，无法真正投入应用。

历史到了这个关键的时候，仿佛停顿了下来，还得等待一个画家来解决。美国画家莫尔斯在1832年旅欧学习途中，对这种新生的技术发生了兴趣，经过三年的钻研，在1835年，第一台电报机问世。但如何把电报和人类的语言连接起来，是摆在莫尔斯面前的一大难题，在一丝灵感来临的瞬间，他在笔记本上记下这样一段话：

电流是神速的，如果它能够不停顿地走十英里，我就让他走遍全世界。电流只要停止片刻，就会出现火花，火花是一种符号，没有火花是另一种符号，没有火花的时间又是一种符号。这里有三种符号可组合起来，代表数字和字母。它们可以构成字母，文字就可以通过导线传送了。这样，能够把消息传到远处的崭新工具就可以实现了！

随着这个伟大思想的成熟，莫尔斯成功地用电流的“通”、“断”和“长断”来代替了人类的文字进行传送，这就是鼎鼎大名的莫尔斯电码。

1843年，莫尔斯获得了3万美元的资助，他用这笔款建成了从华盛顿到巴尔的摩的电报线路，全长64.4千米。1844年5月24日，在座无虚席的国会大厦里，莫尔斯用他那激动得有些颤抖的双手，操纵着他倾十余年心血研制成功的电报机，向巴尔的摩发出了人类历史上的第一份电报：“上帝创造了何等奇迹！”

电报的发明，拉开了电信时代的序幕，开创了人类利用电来传递信息的历史。从此，信息传递的速度大大加快了。“嘀——嗒”一响（1秒钟），电报便可以载着人们所要传送的信息绕地球走上七圈半。这种速度是以往任何一种通信工具所望尘莫及的。

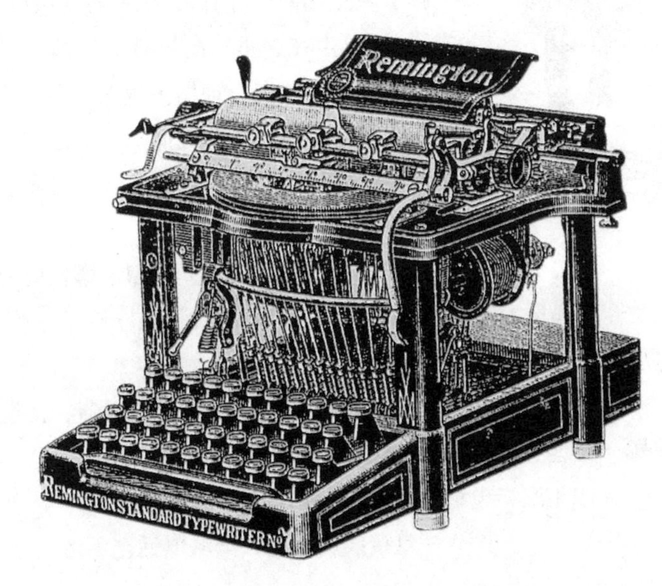

电报机 ⊳

7 既闻其声何必见人：电话

通常人们认为亚历山大·格拉汉姆·贝尔是电话的发明者。美国国会2002年6月15日269号决议确认安东尼奥·梅乌奇（Antonio Meucci）为电话的发明人。

在1796年，休斯提出了用话筒接力传送语音信息的办法。虽然这种方法不太切合实际，但他赐给这种通信方式一个名字——Telephone(电话)，一直沿用至今。

安东尼奥·梅乌奇于1860年首次向公众展示了他的发明，并在纽约的意大利语报纸上发表了关于这项发明的介绍。

早年的电话

1875年6月2日，美国人亚历山大·格拉汉姆·贝尔(Alexander Graham Bell)发明了电话。至今，美国波士顿法院路109号的门口，仍钉着块镌有“1875年6月2日电话诞生在这里”的铜牌。1877年4月4日，第一部私人电话安装在查理斯·威廉姆斯于波士顿的办公室与马萨诸塞州的别墅之间。一年之内，贝尔共安装了230部电话，建立了贝尔电话公司，这是美国电报电话公司(AT&T)的前身。

1878年9月1日，埃玛·M·娜特成为世界上第一位女性接线员。1878至1879年间，贝尔架设了波士顿至纽约的300千米长途电话线路，但音量较低。

1879年，爱迪生利用电磁效应，制成炭精送话器，使送话效果显著提高。爱迪生炭精话筒的原理及其器件一直沿用至今。

1879年底，电话号码出现。由一位内科医师受马萨诸塞州流行麻疹的启发而提出，因为一旦接线员病倒，全城电话岂不瘫痪。

1881年，英籍电气技师皮晓浦在上海十六铺沿街架起一对露天电话，付36文制钱可通话一次。这是中国的第一部电话。

1881年，意大利罗马、法国巴黎、德国柏林先后开通了各自的第一个电话网络。1882年，电话线采用双绞线。这是英国教授休斯1879年发表架空线干扰的论文引起的结果。

1882年2月，丹麦大北电报公司在上海外滩扬于天路办起我国第一个电话局，用户25家。同年夏，皮晓浦以“上海电话互助协会”名义开办了第二个电话局，有用户30余家。

电话接线员

1884年5月1日，世界上第一幢摩天大楼房产保险公司的10层楼在芝加哥建成。正是电话使摩天大楼在大城市里相继涌现。因为如果没有电话，大楼里的信息都要靠人工来传递，那么供通信员使用的电梯是远远不够的。

1889年5月1日，威廉·葛雷德在美国康涅狄格州哈特福德市发明了投币电话。不久，街头出现了电话亭。

1889年，安徽省安庆州候补知州彭名保自行设计、制造了五六十种大小零件，造出一部“争气电话”，为国人扬眉吐气，震惊中外。

贝尔发明的电话机是与众不同的，超越了很复杂的莫尔斯电码方式，发展到一般老百姓都很容易使用的程度。贝尔发明的电话是一对一方式的，可是随着新素材的开发、交换技术的发达、传呼方式的变化和因特网电话的发展等，电话已经成为现代社会的生活必需品。

现在的电话

8 钢丝录音机：Walkman时代的黎明

1877年，爱迪生发明了留声机，使声音可以储存和再现。但它的缺点也是显而易见的，比如录音时间短，录音质量差等。因此，许多科学家都在努力地研究声音的储存和再现的方法，力求在留声机的基础上有所突破。

在留声机问世11年后的1888年，一位名叫史密斯的科学家提出了改进留声机的设想。

在当时，声波的变化转化成电流的变化已经取得成功。能不能让电流的变化转化成磁力的变化并储存在钢丝上?

录音钢丝 △

因此，史密斯认为如果用一根钢丝缓缓通过有电流的线圈，那么随着电流强弱变化，这根钢丝就会把强弱不同的“小磁铁”一一排列起来，这就实现了声音的储存。把这根带磁的长钢丝通过另一个线圈作用后，磁力的变化又变成电流的变化。然后，通过连接在线圈上的电话听筒，把电流变化再转变成声波的变化，从而放出声音。

史密斯尽管有这一番美妙的设想，但由于种种原因，他并没有把这一设想付诸实践。

1898年，丹麦科学家保森根据史密斯的理论，研制出了第一台磁性录音机。

1900年，巴黎博览会展出了保森发明的磁性录音机。由于这种录音机把声音录在钢丝上，因此，与留声机相比，具有独特的优点。在博览会上，它受到了人们的青睐。

在人类的历史长河中，发明创造的巨流，永远向前奔去。磁带录音机的诞生，并不意味着录音机的发展达到了顶峰。此后，许多科学家对录音机的改进做出了贡献。其中，美国科学家马文·卡姆拉斯的贡献最大。是他，把录音机的性能提高到相当完美的地步。

马文·卡姆拉斯从小就喜欢动手，遇事总喜欢问个“为什么”。强烈的求知欲，使他对未知领域总是抱着满腔热情。

马文对于录音机的关注，纯属偶然。原来，马文有一个堂兄，爱歌唱，总梦想有朝一日成为明星。在这位堂兄看来，收音机中播放的歌唱家唱得未必就比自己好。“要是我的歌声能录在唱片里多好啊！”他想。于是，他找到马文，要马文帮忙。马文想：用唱片进行录音练习，太浪费了，还是想想别的办法。

就这样，马文开始了对录音机的研究。他注意到保森的磁性录音机采用钢丝和针尖接触的办法，这样钢丝仅在与针尖接触的地方才能磁化，钢丝表面不能匀称地录下声音。

经过研究，马文在1937年制成一台采用新原理的钢丝录音机。它采用完整的磁圈作为磁头，钢丝穿过线圈，并与磁圈保持一定间隔，这样就能利用钢丝周围的空气间隔进行录音。因为这一层气隙包围在钢丝的表层，所以它是均匀的。

这台录音机的性能要比以往的录音机性能好很多。它声音逼真，音质优美。马文的堂兄在纵情唱歌之后，再由这台录音机放出来，人们开玩笑说：“这位‘业余歌唱家’的演唱水平，在一瞬间提高了许多倍。”

马文从录下堂兄唱的歌开始，取得了五百多项发明专利。1979年，他被授予“美国最佳发明家”称号。

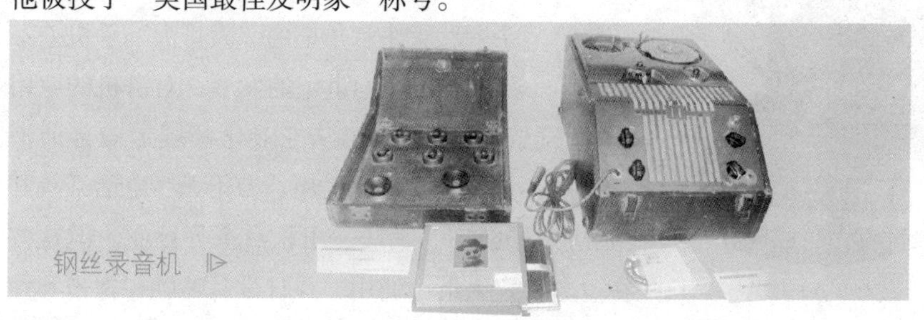
钢丝录音机 ⧐

9 谁是第一批移动电话用户

自从贝尔当初的灵机一动发明电话之后，这一通信工具使人们充分享受到了现代信息社会的方便，但这仅仅是打开了信息社会的大门。人们渴望能够无拘无束地自由交流、沟通。早期的移动通信雏形，主要是用于军事装备，像步话机、对讲机等。

无线电对讲机是最早被人类使用的无线移动通信设备，早在20世纪30年代就开始得到应用。1936年，美国摩托罗拉公司的前身高尔文制造公司研制出第一台移动无线电通信产品——“巡警牌”调幅车用无线电接收机，1940年底，摩托罗拉公司生产出一台5磅重的调幅步话机，通信距离1英里(1.609千米)。后来又研制出通信距离更长、抗静电效果更好的替代品，即SCR300TM背负式跳频步话机。它是一个可调谐的高频调频单元，重35磅（约15.9千克），通信距离10英里(约16.1千米)。美国通信兵身背这种对讲机的身影已经成为第二次世界大战的经典形象，他们就是第一批移动电话的用户。

到了1962年，摩托罗拉公司又推出了第一台仅重33盎司（约0.94千克）的手持式无线对讲机HT200，其外形被称为“砖头”，大小和早期的“大哥大”手机差不多。经过近3/4世纪的发展，对讲机的应用已十分普遍，已从专业化领域走向普通消费，从军用扩展到民用。专用无线电话系统开始应用于公安、消防、出租汽车等行业。但这些只是在少数特定人群中使用，并且设备臃肿，携带和使

用于战场的对讲机 △

用都不方便。随着科学的进步，适合大众使用的移动电话终于问世了。它主要由受话器、控制组件、天线和电源四部分组成。

无线电对讲机既是移动通信中的一种专业无线通信工具，又是一种能满足人们生活需要的具有消费类产品特点的消费工具。顾名思义，移动通信就是通信一方和另一方在移动中实现通信。它包括移动用户对移动用户、移动用户对固定用户，当然也包括固定用户对固定用户之间进行通信联系，无线电对讲机就是移动通信中的一个重要分支。

它是一种无线的可在移动中使用的一点对多点进行通信的终端设备，可使许多人同时彼此交流，使许多人能同时听到同一个人说话，但是在同一时刻只能有一个人讲话。这种通信方式和其他通信方式有不同的特点：即时沟通、一呼百应、经济实用、运营成本低、不耗费通话费用、使用方便，同时还具有组呼通播、系统呼叫、机密呼叫等功能。在处理紧急突发事件、进行调度指挥中，其作用是其他通信工具所不能替代的。时至今日，无线电对讲机和其他无线通信工具（如手机）的市场定位各不相同，仍然难以互相取代。无线电对讲机绝不是过时的产品。它还将长期使用下去。随着经济的发展，社会的进步，人们更关注自身的安全、工作效率和生活质量的提高，对无线电对讲机的需求也将日益增长。公众对讲机的大量使用，使得无线电对讲机和有线电话机一样，成为人们喜爱和依赖的通信工具。

早期的步话机

10 潘多拉的魔盒：电视

电视以视觉的方式，远距离传递了大量信息，是人类通信史上最重要的发明（没有之一），它的出现，彻底改变了人们获得信息的方式，带来了触及人类灵魂的信息革命。不过，电视也犹如一只潘多拉魔盒，让人类在获得知识和信息的同时，也失去了很多古老的乐趣。

电视不是哪一个人的发明创造。它是一大群位于不同历史时期和国度的人们创造智慧的共同结晶。早在19世纪时，人们就开始讨论和探索将图像转变成电子信号的方法。

机械电视 △

1883年圣诞节，德国电气工程师尼普科夫用他发明的“尼普科夫圆盘”使用机械扫描方法，做了首次发射图像的实验。每幅画面有24行线，且图像相当模糊。

1900年，“Television”一词就已经出现。

1908年，英国肯培尔·斯文顿、俄国罗申克夫提出电子扫描原理，奠定了近代电视技术的理论基础。

1923年，电视的发明者之一美籍苏联人兹瓦里金（又译维拉蒂米尔·斯福罗金）发明静电积贮式摄像管。

1925年，英国约翰·贝尔德发明机械扫描式电视摄像机和接收机，在伦敦一家大商店向公众进行了表演。人们通常把1925年10月2日贝尔德在伦敦的一次实验中“扫描”出木偶的图像看作是电视诞生的标志，他被称为“电视之父”。但是，这种看法是有争议的。因为，也是在那一年，维拉蒂米尔·斯福罗金在西屋公司向他的老板展示了他的电视系统。

尽管时间相同，但约翰·贝尔德与维拉蒂米尔·斯福罗金的电视系统是有着很大差别的。史上将贝尔德的电视系统称作机械式电视，而斯福罗金的系统则被称为电子式电视。

1926年，电视的发明者之一贝尔德向英国报界做了一次播发和接收电视的表演。

1927—1929年，贝尔德通过电话电缆首次进行机电式电视试播、首次短波电视试验。英国广播公司开始长期连续播发电视节目。

1930年，实现电视图像和声音同时发播。

1931年，首次把影片搬上电视屏幕。人们在伦敦通过电视欣赏了英国著名的地方赛马会实况转播。电视的发明者之一美国人费罗·法恩斯沃斯发明了每秒钟可以映出25幅图像的电子管电视装置。

1936年，英国广播公司采用贝尔德机电式电视广播，第一次播出了具有较高清晰度，步入实用阶段的电视图像。

1939年，美国无线电公司开始播出全电子式电视节目。瑞士菲普发明第一台黑白电视投影机 。

1940年，美国古尔马研制出机电式彩色电视系统。

1949年12月17日，开通使用第一条铺设在英国伦敦与苏登·可尔菲尔特之间的电视电缆。

1951年，美国H.洛发明三枪荫罩式彩色显像管，洛伦斯发明单枪式彩色显像管。

1954年，美国得克萨斯仪器公司研制出第一台全晶体管电视接收机。

晶体管电视机 △

三 朋克时代

20世纪60年代，是大潮初起的时代，在朋克、嬉皮们追求所谓的自由、信仰，却堕入毒品与战争的日子里，一些现代科技的萌芽已经破土而出，有些甚至开始了商业化运作阶段，甚至开始彻底改变人类的生活。

1 计算机就要上桌了

最初的计算机系统都是占满整间房屋的庞然大物，就算在房价还没涨破天的20世纪六七十年代，如果为了玩玩电脑还需要买个三室一厅的话，也不是人人都能负担得起的，所以，计算机的小型化迫在眉睫。

在经历了电子管数字机（1946—1958）、晶体管数字机（1958—1964）、集成电路数字机（1964—1970）之后，计算机进入了大规模集成电路机时代（1970年至今）。硬件方面，逻辑元件从真空电子管逐步变成超大规模集成电路。软件方面，由机器语言、汇编语言演化为数据库管理系统、网络管理系统和面向对象语言等。而且性能和可靠性有了显著提高，价格进一步下降，应用领域开始进入文字处理和图形图像处理领域。

PDP-8 △

1965年，DEC公司海外销售主管约翰·格伦将PDP-8运到英国，发现伦敦街头正在流行“迷你裙”。他突然发现PDP与迷你裙之间的联系，新闻传媒当即接受了这个创意，戏称PDP-8

是“迷你机”。“迷你”（Mini）即“小型”，这种机器，小巧玲珑，长61厘米，宽48厘米，高26厘米，把它放在一张稍大的桌上，怎么看都似穿着“迷你裙”的“窈窕淑女”。它的售价只有18 500美元，比当时任何公司的电脑产品价格都低，很快便成为DEC获利的主导产品，并引发了当时计算机市场的小型化革命。

1971—1973年是4位和8位低档微处理器时代，通常称为第一代，其典型产品是Intel4004和Intel8008微处理器和分别由它们组成的MCS-4和MCS-8微机。Intel 4004是一种4位微处理器，可进行4位二进制的并行运算，它有45条指令，速度0.05MIPS（Million Instruction Per Second，每秒百万条指令）。Intel4004的功能有限，主要用于计算器、电动打字机、照相机、台秤、电视机等家用电器上，使这些电器设备具有智能化，从而提高它们的性能。Intel8008是世界上第一种8位的微处理器。存储器采用PMOS工艺。基本特点是采用PMOS工艺，集成度低（4 000个晶体管/片），系统结构和指令系统都比较简单，主要采用机器语言或简单的汇编语言，用于简单的控制场合。

Intel8008 △

1974—1977年是8位中高档微处理器时代，通常称为第二代，其典型产品是Intel8080/8085、摩托罗拉公司的M6800、Zilog公司的Z80等。它们的特点是采用NMOS工艺，集成度提高约4倍，运算速度提高约10~15倍，指令系统比较完善，具有典型的计算机体系结构和中断、DMA等控制功能。它们均采用NMOS工艺，集成度约9 000个晶体管，平均指令执行时间为1～2μs，采用汇编语言、BASIC、FORTRAN编程，使用单用户操作系统。

但这个时代的小型机仍然非常昂贵，也非常难用，只能是极少数科研人员的工具，偶尔被用来干些私活或是开发些自己的程序，所以这绝对称不上个人计算机，而PC的时代还没有到来。

2 分道扬镳：计算器的诞生

其实科学地来讲，第一台计算机ENIAC虽然身材魁梧，但有点四肢发达头脑简单之嫌，而且，它并不能自主按照程序进行计算，而是简单地根据使用者的输入，经过计算后返回结果，在今天，这种机器只能称为计算器罢了，它和具备人工智能的计算机早已分道扬镳了。

1957年，日本卡西欧发售了世界上第一款纯电动式计算器——卡西欧14-A型。这种电动式计算器的运算速度比手动计算器高，但相比现在的计算器仍要慢很多，并且由于齿轮的高速运转，还会发出尖锐的噪声。卡西欧试制的电动式计算器，以全电路代替机械部件，成功地解决了上述问题，成为具有划时代意义的产品。

1962年，英国开发出了一种新型的电子计算器。该计算器采用了新发明的晶体管，运算速度比继电器式计算器显著增快，而且完全没有噪音，体型也十分小巧，可以直接放在桌面上。这在当时是一个震惊世界的巨大进步！

1964年，夏普推出了全球首款全晶体管式电子计算器“CS-10A”。

1967年，夏普推出了全球首款IC电子计算器“CS-16A”。

CS-10A ▽

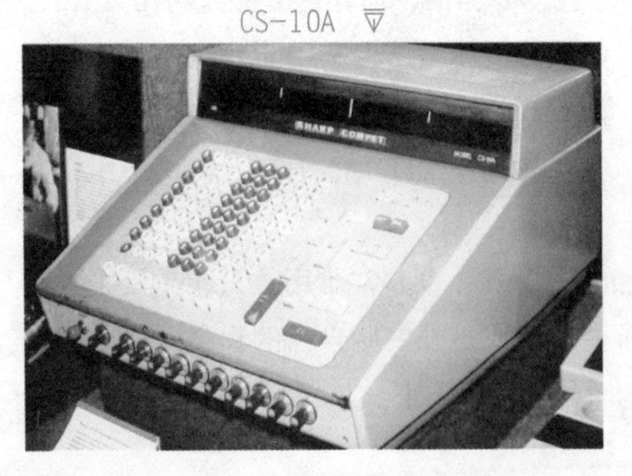

20世纪60年代的计算器被称为计算器第一代。随着微电子技术的发展，集成电路开始运用于计算器领域。计算器开始在演算单元采用集成电路，即将晶体管、电子电路集成为一块芯片。所谓演算单元是指进行加法、减法的电子回路。演算单元的进步，直接导致了第二代电子计算器的帷幕开启。使用了比IC集成度更高的大规模集成电路LSI的电子计算器开始登上历史舞台。

1969年，夏普推出了全球首款LSI电子计算器“QT-8D”。电源也从AC电源变成干电池供电，可随身携带的计算器逐渐成为电子计算器生产的新潮流。

1971年开始，微处理器技术被吸纳进计算器制程，最初的微处理器是Intel为日本Busicom计算器公司生产的。

1972年，惠普推出第一款掌上科学计算器HP-35。

1973年，夏普推出了全球首款使用液晶元器件和CMOS-LSI的电子计算器“EL-805”。

夏普在计算器领域是制造商中的佼佼者，他们最先在计算器中采用了液晶显示屏，还是最早把太阳能电池安装到计算器的企业之一。从20世纪60年代到70年代的十多年里，夏普公司把生产计算器所需的原件降到了3个（以前需要三千多个）——硅片、显示屏和太阳能电池，这大大降低了计算器的生产成本。

电源的小型化不仅成功地降低了功耗，同时也意味着可以开发更薄的计算器。

1975年，卡西欧推出了厚度为9毫米的“记事本大小”的电子计算器。之后，随着每一次新品发布，电子计算器都在“瘦身”。1976年推出的没有按钮的触摸键式电子计算器，厚度更为创纪录的5毫米。

1978年，卡西欧再次推出了惊动世界的新产品——用按钮电池驱动的名片大小的计算器Casio Mini Card（LC-78，厚度3.9毫米）。这款轻薄型的电子计算器月产量达到了40万台。同时也意味着计算器成了日常生活的必备工具。

Casio Mini Card ▷

3 朋克也是电玩迷

1958年，世界上首个计算机游戏在一个听起来不太可能的地方出现——美国布洛克海芬国家核实验室。威利·海金博塞姆是这个实验室的头，为了打消周围农场主们对这个核实验室的担心，他要筹划一次巡回演说，他琢磨着弄个什么东西来博得他们的好感。于是，他和同事用计算机在圆形的示波器上制作出一个非常简陋的网球模拟程序，并把它命名为“双人网球”，其实那只不过是一个白色圆点在一条白线两边跳来跳去。农场的人们对这个新鲜玩意惊讶不已，但威利和同事回到实验室后就把机器拆了。

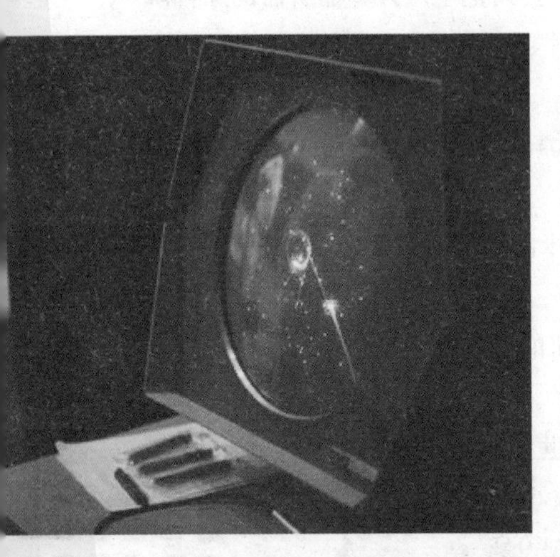

空间大战 △

1961年，史蒂夫·斯拉格·拉塞尔和其他麻省理工学院的学生在第一台小型机PDP-1（编程数据处理器-1）上创作了一个名为“空间大战”（Spacewar）的游戏，它才是真正运行在电脑上的第一款交互式游戏。这款游戏运行在PDP-1上，当时电脑技术还相当有限，空间大战必须使用新阴极射线管显示器来显示画面。

1969年，由生于德国的美籍犹太人拉尔夫·贝尔开发的世界上最早的家用游戏机ODYSSEY（奥德赛）的原型机内置有数款游戏（包括PONG和世界上最早的光枪游戏），拉尔夫·贝尔最早拥有视频游戏的想法是在1951年，当时他正在一家名叫LORAL的早期电视制造工厂工作。他被分派建造这个当时最好的电视系统，他提交了电视应该具有革新概念的想法，其中之一就是要有可以玩游戏的功能。

1971年，美国加利福尼亚电气工程师诺兰·布什纳尔根据自己编制的“网球”游戏设计了世界上第一台商用电子游戏机。这台电子网球游戏机有着一段颇具戏剧性的经历：布什纳尔为了看看它是否被人们接受，就同附近一个娱乐场的老板协商，把它摆在了这个娱乐场一角。没过两天，老板打电话告诉他，那台所谓的“电子游戏机”坏了，让他前去修理。布什纳尔拆开了机壳，意外地发现投币箱全被硬币塞满了，因而硬是撑满了投币器。这成功地激励着布什纳尔进一步研制生产电子游戏机，为此他创立了世界上第一台电子游戏公司——雅达利（ATARI）公司。

1972年，雅达利公司发售了一种平台式大型游戏机“乒乓”（PONG），该游戏机风靡全美。同年，世界上第一个用“电视”玩的电子游戏诞生了，MAGNAVOX ODYSSEY是世界上第一台电视游戏机。

1977年，雅达利公司发售家庭电视游戏主机ATARI视频计算机系统(VCS)，随后被命名为众人皆知的ATARI 2600。当时售价为249美元。这款主机的处理器是8-bit的6507，主频1.2MHz，16KB的RAM/ROM，分辨率为160×192。它被誉为现今电子游戏的开山之作。年销量超过了100万台。

ATARI2600 △

1978年，APF公司推出了可更换游戏卡的家用电视游戏主机M-1000和MP-1000，MAGNAVOX随即也推出了家用电视游戏主机奥德赛2。

1979年，雅达利发布了他们的第一个家用计算机系统ATARI 400，但后来这家公司却既没有成为游戏机巨头，也未能占据个人计算机市场。

4 还原多彩世界：彩色电视机

1902年，科学家柏兰克提出三原色信号影像的传送理论。

1941年12月，贝尔德成功传送彩色图像。

1946年6月8日，贝尔德发明了彩色电视机，播映英国广播公司（BBC）制作的《第二次世界大战胜利大游行》；但病中的贝尔德并未瞧见，6日后与世长辞，他被称为“电视之父”。

1951年，美国H.洛发明三枪荫罩式彩色显像管，洛伦斯发明单枪式彩色显像管。

1953年，彩色电视机正式在美国面世。

1954年，美国无线电公司（RCA）推出RCA彩色电视机。

1954年1月23日，美国国家广播公司（NBC）位于纽约市的分台WNBC成为全球第一家开播彩色电视节目的电视台。

1954年，美国电视行业开始使用一种兼容彩电电视制式 NTSC。

1963年，联邦德国为降低NTSC制的相位敏感性而发展了PAL制式，还用于英国、中国等国家。

1966年，美国无线电公司研制出集成电路电视机。三年后又生产出具有电子调谐装置的彩色电视接收机。

第一台彩色电视机 △

1967年，SECAM是法国为改善NTSC制的相位敏感性而发展的一种兼容彩色电视制式，还用于苏联和一些东欧国家。

1972年，日本研制出彩色电视投影机。

1973年，数字技术用于电视广播，实验证明数字电视可用于卫星通信。

1976年，英国完成“电视文库”系统的研究，用户可以直接用电视机检查新闻、书报或杂志。

1977年，英国研制出第一批携带式电视机。

1979年，世上第一个“有线电视”在伦敦开通。它是英国邮政局发明的。它能将计算机里的信息通过普通电话线传送出去并显示在用户电视机屏幕上。

1958年，中国第一台黑白电视机北京牌14英寸黑白电视机在天津712厂诞生。

1970年12月26日，中国第一台彩色电视机也在天津712厂诞生，从此拉开了中国彩电生产的序幕。

国务院于1972年批准引进一条彩色电视机生产线，1973年四机部曾派代表团到美国康宁公司考察。但由于种种原因，我国未按原计划从美国引进彩电生产线，而是于5年后改从日本引进。中国的彩电也因此走上日本的P制式，而没有走美国的N制式。

中国第一台电视机 △

1978年，国家批准引进第一条彩电生产线，安装在原上海电视机厂即现在的上广电集团。1982年10月份竣工投产。不久，国内第一个彩管厂咸阳彩虹彩管厂建成投产。这期间，中国彩电业迅速升温，并很快形成规模，全国引进大大小小彩电生产线一百多条，并涌现熊猫、金星、牡丹、飞跃等一大批国产品牌。

20世纪八九十年代成为彩色电视普及的时代，也正是彩电的出现，带给我们那个时代多彩斑斓的集体记忆。

5 老歌的味道：盒带式录音机

丹麦年轻电机工程师瓦蒂玛·保尔森利用磁性变化的原理，以钢琴线制造了一部“录话机”，它是钢线录音机的前身。1900年巴黎的世界博览会中，保尔森展出了他的录话机，弗兰茨·约瑟夫皇帝还留下一段谈话，成为现存最早的磁性录音数据。

1927年，德国人弗里茨·波弗劳姆成功地以粉状磁性物质涂布在纸带或胶带上进行录音。当时英国BBC广播公司使用由录话机改良的巨型钢带（Blattnerphone）录音机。这种录音机可切断钢带重新焊接来进行剪辑，但焊接点总会有轰然巨响，操作时又怕焊点断裂而钢片横飞，所以德国人发明的磁带安全又理想。

第二次世界大战期间，德国广播电台已经开始大量运用磁带录音机，播出重要军事将领的录音，美国人常搞不清楚为什么希特勒可以同时出现在好几个地方。

当时的录音机是使用录音带的全部宽度，单方向录一次，每次录完后就要回卷，这样的方式称为全轨式。不久就出现了每次只用磁带一半宽度的半轨式录音机，录完后相反的方向可再录一次，时间也增加了一倍。既然可以用两轨，就可以录两种不同的信号！1949年，美国的马格奈可德公司就开发出一种双轨式的立体声录音机，比第一张商用的立体声唱片足足早了近十年。有了立体声录音机之后，1952年纽约的WQXR电台开始播出立体声的FM广播，1954年Audiosphere也

老录音机 ⧐

发行了第一卷商业性的立体声录音带，音响世界正式进入立体声时代，并间接推动了立体声唱片的发展。

从这时开始，磁带录音机进入“战国时代”，也进入一般美国家庭。盘式录音机效果虽好，要让一个老爷爷把磁带东绕西拐地穿过许多滚轮，正确安装完毕，只怕不太容易，后来，克里夫兰一位发明家乔治·伊什（George Eash）就把一个五寸的盘带装到塑料盒中，再加上一些压轮与导杆，使它很容易就能使用，即使在颠簸的汽车中也能不受影响，Eash这项发明就是我们所说的“匣式录音带”。伊什最初遭遇的困难是时间太短，只有三十分钟，后来经过不断改良，才能录下一个小时的音乐。1963年，厄尔·莫恩茨（Earl Muntz）进一步改良伊什的设计，匣式录音带大量用于汽车、轮船之上。此外，莫恩茨在匣式录音机中使用了四声轨的录音头，原本是要延长播放时间，后来却意外地成为四声道音响的优良存储设备，一直到20世纪70年代末期，称为菲德里派克（Fidelipac）的匣式放音机还有许多拥护者，形成一种特殊的音乐文化。

真正成功的产品是飞利浦公司北美分公司（Norelco）在1964年推出的“携带录音机”，也就是现在所说的卡式录音机。当时盘式录音机的发展已臻成熟，销售量达到空前高峰，价格合理的电池式手提盘式机也问世了，照理说飞利浦公司没什么机会。1965年瑞·杜比（Ray Dolby）博士发明了杂音抑制系统，却替卡式带开创了一条生路。1966年，飞利浦公司北美分公司推出了家庭用的卡式录音座，美国安培公司（Ampex）随即推出商业用卡式音乐带，而日本的索尼（SONY）等厂商快速加入，使得卡式录音机迅速成长，变成挡都挡不住的趋势。

SONY卡式录音机 △

6 朋克标配相机：宝丽来

宝丽来公司于1937年由埃德温·兰德和乔治·威尔怀特创立。兰德是个发明天才，上哈佛大学一年级时就厌恶了枯燥的学生生活，辍学专攻他着迷的化学和光学方面的发明，据说他一生中获得的发明专利之多仅次于托马斯·爱迪生。威尔怀特则精于推销和管理，有“完美的推销商”之誉。两人取长补短，相得益彰，随后20年内，将宝丽来打造成引领美国经济的“先锋企业”。

宝丽来最早以生产太阳镜等为主，第二次世界大战后才转向照相设备。1944年研发出即时摄影技术。1948年11月26日在市场推出世界上第一个即时成像相机Polaroid 95，当时的售价是每台89.75美元。1972年，宝丽来推出SX-70袖珍型即时成像相机，随即风靡世界，到70年代中期共售出了600万台。1947年，兰德发明了世界上第一种即时成像系统，一年后推出了一次成像相机和专用胶卷，当时轰动了整个世界。20世纪50—70年代，宝丽来一路顺风，成为美国红极一时的企业。

SX-70 ▲

SX-70是世界上第一台可直接“吐出自印相片”的照相机，当时有评论家写道：“兰德和他的公司再次发明了全新的造像过程。”当时的SX-70出厂价100美元，但到了零售商手里有时能翻三四倍。20世纪60—80年代的美国，拥有一台SX-70相机一度成为时髦的标志，它是朋克们的最爱。到1982年兰德退休时，宝丽来已成为一家资产数十亿美元的巨型企业。

但是，宝丽来在随后的20年中，从发展战略到经营管理屡屡失误，最后导致了全盘皆输的结局。一个资金雄厚、技术一流的企业变成不能按时还债的公司。

除了管理上的失误，没有跟上数字时代的步伐是宝丽来倒下的最重要原因。宝丽来过去之所以快速发展几十年，依赖的看家本领就是技术领先。但到了变化一日千里的数字时代，宝丽来则是犹豫不决，没有抓住乘势发展的契机。随着电脑、互联网的普及，数字相机越来越受欢迎。宝丽来本来也是发明数字相机的急先锋，但在推向市场的过程中却是出奇的迟钝，让其他竞争对手抢了先。2000年，虽然宝丽来相机卖出了创纪录的1 310万台，但全世界的数字相机也售出了1 110万台。最关键的是，数字相机是未来趋势，不仅具有“即拍即得”的功能，而且接入电脑还有更多的用途，一次成像的相机显然落伍了，最终被迫退出了历史舞台。在2008年2月，宝丽来宣布停止制造底片，转往发展数码相机业务，而设于荷兰恩社德的胶片厂也停止生产最后一种宝丽来胶片（T600胶片）。但宝丽来相机仍是全球“来迷”的至尊推崇和珍贵收藏，该品牌在世界品牌实验室编制的《世界品牌500强》排行榜中名列第492，是人们对朋克时代挥之不去的记忆。

◁ 宝丽来相机

7 日本相机崛起的前夜

德国的照相机工业历史悠久，直到20世纪20—50年代，德国一直雄居世界照相机王国的宝座。德国生产的照相机一直以结构合理，加工精良，质量可靠而闻名于世。但20世纪60年代，德国的照相机受到日本照相机的强烈冲击，至70年代，由于日本电子技术的高速发展，电子技术在照相机上的普及应用以及大批量的自动化生产方式，使日本照相机的性能价格比远远超过了德国照相机。德国照相机原有的市场大大缩小，许多照相机企业纷纷倒闭和合并，有的缩小了规模，连著名的莱茨公司和罗莱公司也受到了致命的冲击。

佳能公司于1961年开始转向生产35mm镜头快门中级相机，推出了具有快门速度优先机能的Canonet相机，并形成系列，成为数年中的畅销机种。70年代，佳能的35mm小型照相机开始逐步走向电子化、自动化。佳能公司的第一台35mm单反相机是1959年生产的，从一开始，佳能35mm单反相机瞄准的目标就是高性能的高档机。1971年，Canon F-1型相机以其独特的最高快门速度为1/2 000秒的4轴式钢片快门、cds测光、快门速度优先AE而跃居最高级相机的行列；1976年，佳能公司又推出世界上第一台由微电脑控制的单反相机Canon AE-1；1978年推出世界上第一台具有5种AE模式的单反相机Canon A-1。

Canon A-1 △

尼康公司的前身是日本光学工业公司，它是在第一次世界大战和第二次世界大战中以生产军用光学仪器为主的企业。1959年6月，公司的第一台35mm单反相机Nikon F问世，该机以它的高精度和可靠性强，博得了专业摄影师的信赖，并得到一致好评，数十年中，Nikon F相机一直是市场上的畅销机种。尼康单反相机的领先技术是它的快门制造技术，它率先采用蜂巢型的钛帘快门，旨在减轻快门的重量，提高其强度。

美能达公司创建于1928年，1958年开始生产35mm单反相机。1962年，公司生产的35mm镜头快门相机Minolta Himatic用在美国的宇宙飞船上。从此，美能达照相机的知名度大大提高。1972年，美能达公司与德国莱茨公司签约进行技术合作，开发了Leica CL型相机，后来又合作生产了Leica K3、Leica K4。

奥林巴斯光学工业公司于1960年推出了日本第一台快门速度优先的35mm镜头快门自动曝光相机Olympus Auto Eye。20世纪60—70年代，公司还推出了多种35mm半幅小型相机，这种相机因体积小、重量轻、拍摄张数最多（为35mm全幅相机的两倍）而深受好评，并一直畅销不疲。1971年，奥林巴斯公司开始加入生产35mm单反相机的行列，起点相机便是有内测光功能的Olympus FTL，在1972年的科隆博览会上发表了Olympus M-1，引起轰动，由于M型号侵犯了Leica M型相机的注册商标，遂改成OM－1。奥林巴斯OM系列单反相机一直以小巧玲珑受到摄影爱好者的青睐。

此外，在朋克年代，日本兴起的相机品牌还有宾得、雅西卡、理光、柯尼卡、玛米亚，等等，这些企业数十年的实力积累，奠定了日本如今相机产业霸主的地位。

Nikon F △

8 电子乐时代的电子琴

电子乐器指的是乐手通过特定手段触发电子信号，使其利用电子合成技术或是采样技术来通过电声设备发出声音的乐器，如电子琴、电钢琴、电子合成器、电子鼓、电吉他、电贝斯等。

电子乐器的产生，首先是模仿“乐器之王”管风琴。管风琴发明于公元前，鼎盛于17世纪。它是靠水力或人力鼓风，吹响与建筑物一样高大的管子而发音的乐器。管风琴是大型键盘乐器，结构非常复杂。管风琴由手键盘和脚键盘构成，有些手键盘多达4～5层。一架管风琴的演奏可以和一个管弦乐队媲美。管风琴结构复杂，体积庞大，造价昂贵，受演出场地、环境限制，不易搬动。

为了使之轻便，1907年，美国人T.卡西尔发明了用电磁线圈产生音阶信号的电风琴。1920年，苏联人利昂·特里尔发明了“空中电琴”。1939年，美国市场上开始销售“艾伦风琴”，这种电子风琴比管风琴轻便经济，普遍用于教学、音乐厅等，因而有一定市场。至1950年，美国年产电子琴达10万台，接近钢琴产量。1964年，美国人穆格发明了合成器。

雅马哈电子琴 △

日本于20世纪50年代从美国进口电子琴。1959年，由雅马哈株式会社生产了世界上第一台立式电子琴，取名为“伊莱克通（Electone）”，它有三层键盘。1980年，随着电子集成电路的出现，电子琴开始向小型化发展，雅马哈等厂家生产了便捷式单键盘电子琴。1983年，雅马哈生产的电子合成器DX7和电钢琴问世。1986年，HX系列高级立式电子琴问世。我们现在常见并熟悉的双排键电子琴是日本于1991年之后生产的EL、ELS系列以及便携式双排键DDK7。

在中国，1958年北京邮电学院研制出一台电子管单音电子琴。由于种种原因，至1977年后，我国才大批生产电子琴。1989年，我国年产儿童电子琴200万台，并出口39万台。中国的电子琴事业正在迅速发展。

电子琴发展很快，琴的各项功能日趋完善。音色和节奏由最初的几种发展到现在的几百种。除寄存音色外，还可通过插槽外接音色卡。合成器的某些功能，如音色的编辑修改、自编节奏、多轨录音、演奏程序记忆等也运用到电子琴上。

1920—1930年间，有人试着将不同的Pick-up 拾音器装在吉他上。

里奥·芬德尔（Leo Fender）在1948年所推出的Broadcaster是世界上第一把上市的电吉他，这是一种空心电吉他，芬德尔还发明了第一把贝斯吉他，改变了先前巨大的低音提琴（double bass）使用及携带起来的种种不便。

Broadcaster △

但真正能称为“电吉他”的实心吉他，1952年才得以问世，这种以莱斯·保罗（Les Paul）命名的实心电吉他一直到现在历久不衰。1941年莱斯·保罗就研制出了该型电吉他，但是直到1950年才有乐器厂商答应生产由莱斯·保罗所设计的吉他，这样的事情在发明界屡见不鲜。

这些横跨音乐界和发明界的大牛所创的电吉他和电贝斯在这半个世纪不知造就了多少电吉他手，也改变了整个音乐的形式，可以说没有电吉他就没有摇滚乐，更别提重金属音乐了。

Les Paul 电吉他 ▷

9 斯皮尔伯格的8毫米

美国著名导演斯皮尔伯格1958年加入童子军，因为使用8毫米摄影机拍摄了一部名为《最后的枪战》的9分钟短片，获得嘉奖，并从此走上了电影创作之路。这种便携式家用摄影机使用8毫米胶片，多为手持摄影机，是20世纪六七十年代深受欢迎的时尚玩具，不过由于使用胶片，拍摄后还要冲洗，并使用电影设备进行播放，所以还是很不方便的。

半个多世纪前，美国安培公司推出世界上第一台实用性摄像机。当时是采用摄像管作为摄像元件，因此寿命低、性能不稳定、高昂的制造成本等成为最致命的弱点，使其使用范围一直限制在专业领域，并无缘用于民用领域。

1976年，日本杰伟世（JVC）公司推出了第一台家用型摄像机，其使用的是JVC独立开发的VHS格式，VHS是Video Home System的缩写，意为家用录像系统。VHS系列的代表作就是大家比较熟悉的松下M7、M1000、M8000了。后来换代产品是M3000、M9000系列。这种家用摄像机拍摄后无须冲洗胶片，而是可以直接接到电视机上观看，给消费者带来了极大的方便。

◁ 松下M7

但VHS摄像机清晰度比较低，所摄画面的水平清晰度只有250线。为了弥补VHS的不足，又开发出了S-VHS摄像机，它通过使用不同涂层的录像带，提高信号调制的载频、偏频，并增加专用的Y/C信号输出端子使亮度信号和色度信号可直接独立输出等措施，使记录画面的水平清晰度提高到400线。

但因为VHS和S-VHS录像带尺寸较大而导致摄像机体积庞大、笨重，并不适合于家庭使用。因此在1982年，由JVC研发的VHS－C摄像机和S－VHS－C摄像机便应运而生，它和标准的VHS使用同样宽度的磁带，这种规格的磁带可以通过适配器在普通录像机上观看，但是它的体积只有92毫米×69毫米×23毫米，比标准的VHS录影带又减小了很多，可以用在手持式摄像机等设备上，质量档次与VHS摄像机和S-VHS摄像机相同。另外，C型录像带可以通过配送的转换盒在家用VHS录像机上播放，我们国内的摄像机市场也是由此开始起步。

家用摄像机小型化的脚步并未因VHS-C和S-VHS-C型摄像机的出现而停止，紧接着，索尼、夏普、佳能公司又推出了8毫米系列摄像机，即通常所说的V8，选择这样的规格恰恰是为了迎合消费者们对8毫米胶片摄影机的喜爱和追忆。V8所使用的录影磁带宽为8毫米，全名为Video8 制式，简称V8，V8磁带较C型带在体积上又有所缩小，但水平解析度也降为270线。不过这种8毫米格式的摄像带不能再用家用VHS录像机播放，只能使用摄像机来播放。在V8面市后不久，对家用摄像机市场觊觎已久的索尼单独推出了Hi8摄像机，Hi8与V8同样使用8毫米带宽的录影带，不过其结构更加精密，水平解析度达400线，将家用摄像机的性能提升到一个新水平。

8毫米摄像机 △

10 机器人诞生在婴儿潮

智能型机器人是最复杂的机器人，也是人类最渴望能够早日制造出来的机器朋友。然而，要制造出一台智能机器人并不容易，仅仅是让机器模拟人类的行走动作，科学家们就付出了数十年甚至上百年的努力。巧合的是，第一台工业机器人诞生在第二次世界大战后美国的婴儿潮时期，让这一人类的宠儿有了更多的兄弟姐妹。

1910年，捷克斯洛伐克作家卡雷尔·恰佩克在他的科幻小说中，根据Robota（捷克文，原意为劳役、苦工）和Robotnik(波兰文，原意为工人），创造出“机器人”这个词。

1911年，美国纽约世博会上展出了西屋电气公司制造的家用机器人Elektro。它由电缆控制，可以行走，会说77个字，甚至可以抽烟，不过离真正干家务活还差得很远。

1912年，美国科幻巨匠阿西莫夫提出“机器人三定律”，虽然这只是科幻小说里的创造，但后来成为学术界默认的研发原则。

1959年，美国发明家乔治·德沃尔与约瑟夫·英格伯格联手制造出第一台工业机器人。随后，成立了世界上第一家机器人制造工厂——Unimation公司。由于英格伯格对工业机器人的研发和宣传，他也被称为“工业机器人之父”。

1962年，美国AMF公司生产出“VERSTRAN”（意思是万能搬运），与Unimation公司生产的Unimate一样成为真正商业化的工业机器人，并出口到世界各国，掀起了全世界对机器人和机器人研究的热潮。

1962—1963年，传感器的应用提高了机器人的可操作性。人们试着在机器人上安装各种各样的传感器，包括1961年恩斯特采用的触觉传感器；托莫维奇和博尼1962年在世界上最早的“灵巧手”上用到了压力传感器；而麦卡锡1963年则开始在机器人中加入视觉传感系统，并在1964年帮助麻省理工学院推出了世界上第一个带有视觉传感器、能识别并定位积木的机器人系统。

1965年，约翰·霍普金斯大学应用物理实验室研制出Beast机器人。Beast已经能通过声呐系统、光电管等装置，根据环境校正自己的位置。20世纪60年代中期开始，美国麻省理工学院、斯坦福大学、英国爱丁堡大学等陆续成立了机器人实验室。美国兴起研究第二代带传感器、“有感觉”的机器人，并向人工智能进发。

机器人Shakey ▽

1968年，美国斯坦福研究所公布他们研发成功的机器人Shakey。它带有视觉传感器，能根据人的指令发现并抓取积木，不过控制它的计算机有一个房间那么大。Shakey可以算是世界第一台智能机器人，拉开了第三代机器人研发的序幕。

1969年，日本早稻田大学加藤一郎实验室研发出第一台以双脚走路的机器人。加藤一郎长期致力于研究仿人机器人，被誉为“仿人机器人之父”。日本专家一向以研发仿人机器人和娱乐机器人的技术见长，后来更进一步，催生出本田公司的ASIMO和索尼公司的QRIO。

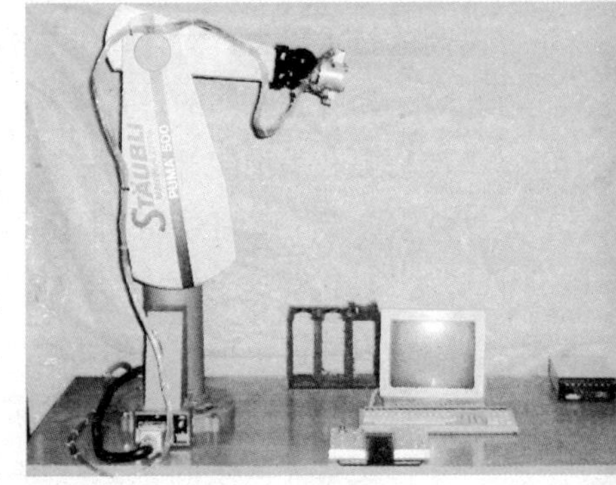

PUMA △

1973年，机器人和小型计算机首次携手合作，诞生了美国Cincinnati Milacron公司的机器人T3。

1978年，美国Unimation公司推出通用工业机器人PUMA，这标志着工业机器人技术已经完全成熟。PUMA至今仍然工作在工厂第一线。

四　极客年代

极客，他们出现时被认为是怪咖，是垃圾，他们狂热地迷恋着任何新出现的技术，从电脑游戏到微波炉烹饪。但是不久之后，极客们崛起了，他们中出现了技术大牛和世界首富，“知本家”便是极客们的终极进化形态。

1 数码时代的脸书：极客名人录

“极客”一词，来自于美国俚语“geek”的音译，一般理解为性格古怪的人。很长时间在西方文化里“geek”的意思一直偏向贬义，在PC革命初期，“geek”开始衍生为一般人对电脑黑客的贬称，他们具有极高的技术能力，对计算机与网络的痴迷有时会达到不正常的状态。但如今，随着互联网的日益普及，那些一直被视为怪异者的边缘人物，突然被历史之手推向舞台的中央，转变成为社会主流。极客们自己却对“局外人”身份感到骄傲，像信仰宗教一样强烈信仰科技的力量。

极客对这个世界的影响，不仅局限在物质层面，崇尚科技、自由和创造力的极客精神正越来越成为这个时代新的意识形态。看看著名极客的名单，你会发现整个时代都充满他们的身影。

史蒂夫·乔布斯

事件：在短暂的56年生命中，这位孤独的科技先知先后改变了PC产业、数字娱乐产业、音乐产业和出版业，并留下了一家作为神一样存在的令消费者顶礼膜拜的高科技公司：苹果公司。

极客语录：Stay hungry,Stay foolish.

比尔·盖茨

事件：微软公司创始人，其发明的Windows操作系统至今仍然统治着世界上大多数个人、企业和政府的电脑桌面。

极客语录：我希望自己有机会编写更多代码。我确实是在管闲事。他们不许把我编写的代码放入即将发布的软件产品中。过去几年他们一直在这样做。而我说将加入他们的行列，利用周末编写代码时，他们显得很诧异，确实不再像以往那样相信我的编程能力了。

马克·扎克伯格

事件：Facebook创始人兼CEO。2012年2月，Facebook提交上市申请，拟融资50亿美元，这是互联网行业当时最高的IPO融资纪录。按Facebook估值1000亿美元计算，马克·扎克伯格拥有240亿美元身家，是全球最年轻的巨富。

马克·扎克伯格

极客语录：今天，我们的社会走到了新的临界点。我们所处的时代，是一个大多数人都能够使用互联网和手机的时代——它们是分享所思、所感和所为的基本工具。

拉里·佩奇

事件：谷歌联合创始人，现任谷歌CEO兼产品总监。其发明的PageRank搜索技术成功地将人类获取信息的效率大大提高，不亚于发明印刷术。

极客语录：我知道这个世界看起来已支离破碎，但这是一个伟大的时代，在你的一生中可以疯狂些，跟随你的好奇心，积极进取。不要放弃你的梦想。世界需要你们。

李纳斯·托沃兹

事件：当今世界最著名的电脑程序员（程式师）、黑客。现受聘于开放源代码开发实验室，全力开发Linux内核。

李纳斯·托沃兹

极客语录：我很懒散，我喜欢授权给其他人。

2
极客的大贡献：个人电脑

PC业第一个具有划时代意义的事件是1971年英特尔公司生产出它的第一个微处理器——4004。随后很多从事研究开发的公司和业余爱好者得以使用这项成果，开发出了各种以微处理器为大脑的电脑原型。

1974年，英特尔公司生产出8080型微型集成电路芯片，随之出现了MITS公司开发的以该芯片为CPU的“Altair”（牛郎星）电脑。这个名称因电影《星际旅行》片段中的一个星系而得名，它成为业余爱好者用一套价值400美元的工具成功制造个人电脑的标志。

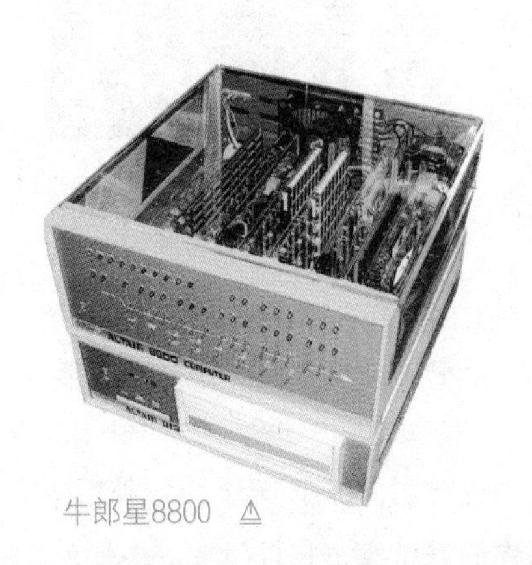

牛郎星8800 ▲

“牛郎星8800”的运行现在看来简直可笑而愚昧，它的程序指令是长条的打孔纸带，每行指令结束后必须手动调整到下一行。结果，“牛郎星”最多只能做一些灯光控制之类的小事情。

“牛郎星8800”是当时最受技术迷宠爱的电脑，这家公司如今早已烟消云散，而两位为这种电脑开发软件程序的年轻人后来却成为PC行业举足轻重的人物，他们分别叫比尔·盖茨和保罗·艾伦，当时这两个头发蓬乱的技术迷创立了一家叫微软的公司。

1977年，第一台走向大众市场的个人电脑诞生了，两位加州硅谷的电脑俱乐部成员史蒂夫·乔布斯和斯蒂夫·沃兹尼亚克制作出苹果二型电脑，有显示屏、键盘和供会计使用的制表程序，它以彩色图形为特色并用盒式录音磁带存储信息。苹果电脑公司诞生了，也意味着面向消费市场的个人电脑行业正式开张。在随后的四年内，数十家PC生产商应运而生，市面上出现了令人眼花缭乱的计算机品牌，如Alpha Micro AM100、Dynalogic Hyperion和HeadStart Explorer等。当时和苹果旗鼓相当的品牌，比如Commodore Amiga和Atari 800等，如今早已随着生产商一起消失于PC舞台。

一个收集古旧电脑的网上电脑博物馆馆长汤姆·卡尔森以怀旧情绪说："说真的，我想念那个计算机形状千奇百怪的年代，现在摆在桌面上的电脑是多么千篇一律啊。"

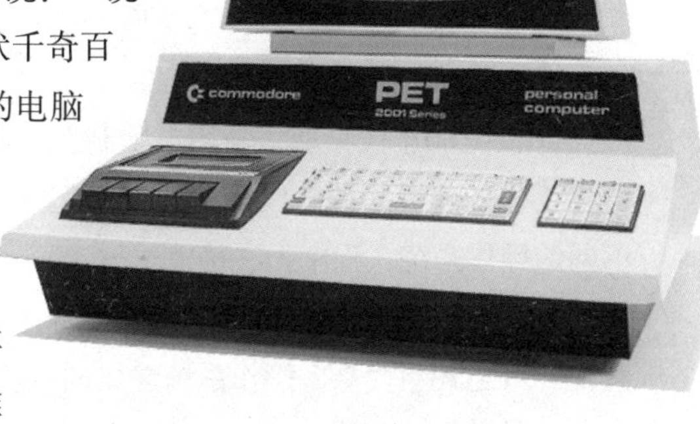

Commodore公司的PET2001 △

其实，现在电脑形状类似，最大的原因是产业内技术标准化，这在早期是不存在的。那时候，各家公司推出的机器使用自己的操作系统、微处理器和应用软件。历史学家评价说，当时的各自为政状态造成大企业不敢购买某些电脑，阻碍了电脑行业的进一步发展。

1981年，这种分裂局势有了转机，国际商用机器公司(简称IBM)开发了一种技术规格可供效仿的个人电脑，IBM从微软和英特尔手中分别获得使用操作系统和微处理器的授权，这种模式为其他制造商"克隆"，从而成为整个行业的基本运作方式。

在随后的十年内，PC业获得持续增长，但这种增长并不是爆炸性的。据Data Quest公司统计，1983年，全球PC销售量为111万台，1989年增长为213万台，当时的英特尔80286芯片只能处理64万字节内存，容量仅相当于储存一本150页文字的书。PC因此不能运行复杂的应用软件，或者一次只能运行一种应用程序。1985年发布的英特尔386芯片，才将内存处理能力提高到4兆字节。

3 好马配好鞍：操作系统的诞生

第一部计算机并没有操作系统，需要纯手工输入数据，相当于现在的计算器。

1947年发明了晶体管，莫里斯·威尔克斯发明的微程序方法成为操作系统的基础。

20世纪60年代早期，商用电脑制造商制造了批次处理系统，此系统可将工作的建置、调度以及执行序列化。此时，厂商为每一台电脑创造不同的操作系统，程序无法移植。

1963年，奇异公司与贝尔实验室合作以PL/I语言建立的Multics，是激发20世纪70年代众多操作系统建立的灵感来源，尤其是由AT&T贝尔实验室的丹尼斯·里奇与肯·汤普逊所建立的Unix系统。另一个广为市场采用的小型电脑操作系统是VMS。

1964年，IBM推出了一系列用途与价位都不同的大型电脑IBM System/360，它们是大型主机的经典之作。而它们都共享代号为OS/360的操作系统，让单一操作系统适用于整个系列的产品。为System/360所写的应用程序依然可以在现代的IBM机器上执行！

20世纪80年代，当时限制PC业发展的最大阻力是操作系统对普通人来说近似天书。

1980年，微软公司取得了与IBM的合约出品了MS-DOS，此操作系统可以直接让程序操作与文件系统相关联（通过BIOS）。到了Intel 80286处理器的时代，才开始实施基本的储存设备保护措施。MS-DOS的架构并不足以满足所有需求，因为它同时只能执行最多一个程序（如果想要同时执行程式，只能使用TSR的方式来跳过OS而由程序自行处理多任务的部分），且没有任何内存保护措施。此时对驱动程序的支持也不够完整，因此导致诸如音效设备必须由程序自行设置的状况，不兼容的情况多有发生。某些操作的效能也非常糟糕。许多应用程序因此跳过MS-DOS的服务程序，而直接存取硬件设备以取得较好的效能。虽然如此，MS-DOS还是变成了IBM PC上面最常用的操作系统（IBM自己也曾推出DOS，称为IBM-DOS或PC-DOS），MS-DOS的成功使得微软成为地球上最赚钱的公司之一。

20世纪80年代另一个崛起的操作系统异数是Mac OS，此操作系统紧紧与麦金塔电脑捆绑在一起。此时一位施乐帕罗奥多研究中心员工杜米尼克·哈根（Dominik Hagen）访问了苹果电脑的史蒂夫·乔布斯，并且向他展示了此时施乐发展的图形化使用者界面。苹果公司大为震惊，并打算向施乐购买此技术，但因帕罗奥多研究中心并非商业单位而是研究单位，因此施乐回绝了这项买卖。在此之后，苹果公司的研发人员一致认为个人电脑的未来必定属于图形使用者界面，因此也开始发展自己的图形化操作系统。现今许多我们认为是基本要件的图形化接口技术与规则，都是由苹果电脑打下的基础（例如下拉式菜单、桌面图标、拖曳式操作与双点击等）。但正确地说，图形化使用者界面是施乐首创的。

MS-DOS操作界面 △

Windows操作系统 △

1983年开始，微软也为MS-DOS建构了一个图形化的操作系统应用程序，称为Windows（有人说这是比尔·盖茨被苹果的Lisa电脑上市所刺激）。一开始Windows并不是一个操作系统，只是一个应用程序，其背景还是纯MS-DOS系统，这是因为当时的BIOS设计以及MS-DOS的架构不甚良好之故。

4 从打字机到电脑键盘

键盘的历史非常悠久，早在1714年，就开始相继有英、美、法、意、瑞士等国家的人发明了各种形式的打字机，最早的键盘就是那个时候用在那些技术还不成熟的打字机上的。直到1868年，“打字机之父”——美国人克里斯托夫·拉森·肖尔斯获打字机模型专利并取得经营权经营，又于几年后设计出现代打字机的实用形式并首次规范了键盘，即“QWERTY”键盘。

QWERTY键盘 ⚠

为什么要将键盘规范成现在这样的QWERTY键盘按键布局呢？这是因为，最初的打字机键盘是按照字母顺序排列的，但如果打字速度过快，全机械结构的打字机某些键的组合很容易出现卡键问题，于是肖尔斯发明了QWERTY键盘布局，他将最常用的几个字母安置在相反方向，最大限度地放慢敲键速度以避免卡键。1873年，使用此布局的第一台商用打字机成功投放市场。

QWERTY的键盘按键布局方式非常没效率。比如，大多数打字员惯用右手，但使用QWERTY键盘，左手却负担了57%的工作。两小指及左无名指是最没力气的指头，却要频频使用它们。排在中列的字母，其使用率仅占整个打字工作的30%左右，因此，为了打一个字，时常要上上下下移动指头。

1934年，华盛顿一个叫德沃拉克（Dvorak）的人为使左右手能交替击打更多的单词又发明了一种新的排列方法，这个键盘可缩短训练周期1/2时间，平均速度提高35%。DVORAK键盘布局原则是：尽量左右手交替击打，避免单手连击；越排击键平均移动距离最小；排在导键位置的应是最常用的字母。后来Windows中内置了对它的支持。

到了20世纪中期，键盘又多了一个用武之地——作为电脑的基本输入设备。

"电传打字机"是在"键盘+显示器"的输入输出设备出现以前电脑主要的交互式输入输出设备，你可以把它想象成一个上盖带有键盘的打印机，用户所打的字和电脑输出的结果都会在键盘前方的打印输出口上打印出来。

"电传打字机"是大型计算机和小型计算机时代最主要的电脑交互式输入输出设备。20世纪70年代中期以后，随着显示器设计的成熟，电传打字机就逐渐退出了电脑的世界，而键盘则摆脱出来成为一种独立的设备。

"电传打字机"的键盘没有今天电脑键盘那么多按键和那么多功能，实际上它几乎和全尺寸的打字机键盘是一样的，电木塑料下面是机械的按键结构，这种设计也为初期的电脑键盘所继承。

在那个时期，由于个人电脑的体积还很小，所以流行的设计是将键盘直接做在主机上，著名的APPLE Ⅱ系列电脑就是这样的结构。但随着IBM PC将当时还很庞大的硬盘引入到个人电脑上，20世纪80年代中期，独立的键盘成为主流的设计。

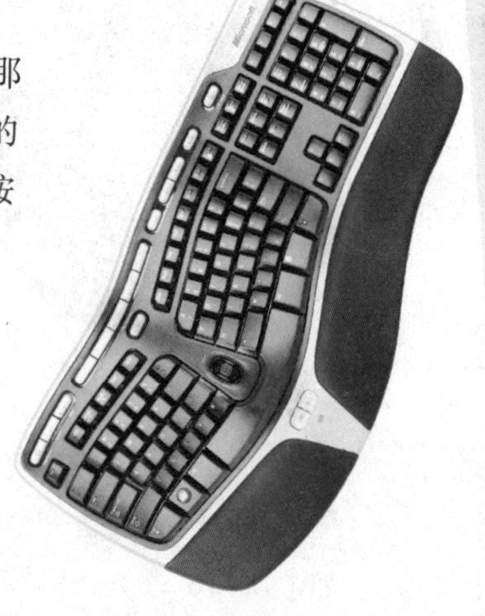

Natural Desktop7000键盘 △

5 不怕猫的耗子：鼠标器

尽管鼠标是在20世纪80年代后才得到广泛应用，但它的历史最早却可以追溯到60年代末，道格拉斯博士与他的同事比尔·英格力士于1963年设计出了鼠标最初的原型，并于1968年12月9日制成了世界上第一支“鼠标”，它是利用鼠标移动时引发电阻变化来实现光标的定位和控制的。原始鼠标的结构较为简单，底部装有两个互相垂直的片状圆轮（非球形），每个圆轮分别带动一个机械变阻器，鼠标移动时会改变变阻器的电阻值。如果施加的电压固定不变，那么鼠标所反馈的电信号强度就会发生变化，而利用这个变化的反馈信号参数，系统就可以计算出它在水平方向和垂直方向的位移，进而产生一组随鼠标移动而变化的动态坐标。这个动态坐标就决定了鼠标在屏幕上所处的位置和移动的情况，于是它便可以代替键盘的上、下、左、右四个键，使用者可将光标定位在屏幕的各个地方。由于原始鼠标的尾部拖着一条数据连线，看起来很像一只小老鼠，后来人们干脆就直接将它称为“Mouse”，这也就是“鼠标”的由来。

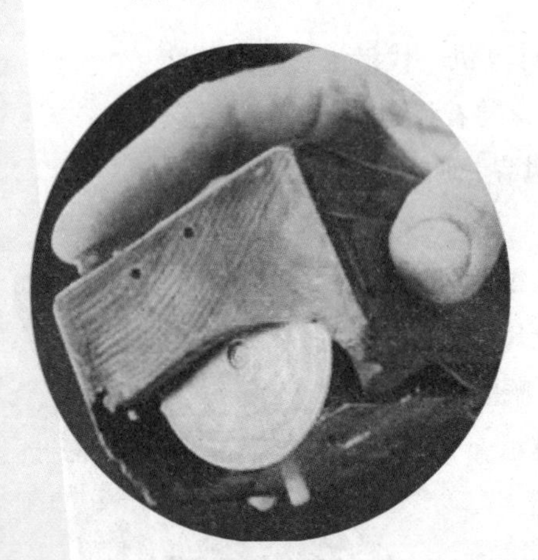

原始鼠标 △

当然，若以今天的眼光来看这个原始鼠标，的确显得相当简陋，它使用全木质外壳，棱角分明，庞大且笨重，而且需要配备一个额外的电源才能够正常工作，用起来并不方便。加上使用了大量的机械组件，随着使用时间的增长，鼠标会出现非常严重的磨损问题。另外，原始鼠标使用的是模拟技术，反应灵敏度和定位精度都不理想。种种弊端加在一起，导致没有多少人愿意用它。但作为初生的产品，我们不能对它苛求太多。原始鼠标的最大意义在于，它的诞生意味着计算机输入设备有了更多样的选择，并为操作系统采用图形界面技术奠定了基础，我们很难想象，如果只有键盘，用户们该如何操作Windows或者Mac OS。

1981年，施乐对其Alto鼠标进行了升级，推出了集成图形用户界面的8081系统控制器Star，它是首个推向商用市场的鼠标，单是一个初级8081系统的售价就高达7.5万美元。

1983年，苹果公司在推出的Lisa机型中也使用了鼠标，尽管Lisa机型并未获得多大的成功，苹果公司也开始走下坡路，但鼠标之于计算机的影响开始体现。紧接着，微软在Windows3.1中也对鼠标提供支持，而到了Windows95时代，鼠标已经成为PC机不可缺少的操作设备。在此之后，鼠标得到了迅速普及。

与主流PC部件相比，鼠标的技术革新显得非常保守，从道格拉斯博士的原始鼠标，到后来的纯机械鼠标、光电鼠标、光机鼠标，以及光学鼠标，鼠标技术只经历寥寥几次大变革，其中真正算得上成功的其实只有光机鼠标和光学鼠标，它们也是当前鼠标技术的主流形态。其中，光机鼠标为过去的主流，我们一般俗称它为“机械鼠标”，但这个名称并不确切（可从后文得知）。至于光学鼠标，则是鼠标技术的发展方向，它已经开始大面积取代过时的光机鼠标产品。

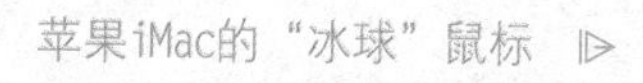

苹果iMac的“冰球”鼠标

6 给电子计算机安上心灵之窗

有些早期的电子计算机安装有一个电珠板，面板上面的一串小电珠通过点亮和熄灭来显示计算机每一个比特（bit）的二进制计算结果，这就是早前的显示器，它只能显示很少的信息，所以当时的计算机只用这种显示器显示计算状态，而将打印机或者纸带打孔机作为输出设备。

后来，这一串小电珠被CRT显示器（也就是阴极射线管显示器）所取代，最初的CRT显示器可以模拟电珠板一次性显示很多行二进制结果，过了很多年，CRT显示器才真正具备了显示文字的功能，而不再是满屏幕的模拟小电珠。

1973年4月，施乐帕罗奥多研究中心推出了Alto，它是首个把计算机所有元素结合到一起的图形界面操作系统。采用了CRT显示器作为唯一的输出设备，这种计算机的显示器采取了竖置式，屏幕的长度大于屏幕的宽度（类似iPAD或者电子书），并且带有一定的倾斜度，适合阅读文字。Alto使用三键鼠标、位运算显示器、图形窗口和以太网络连接。Alto能与另一台Alto计算机和激光打印机连成网络，这又是施乐帕罗奥多研究中心的一项重大发明。如今回头看，正是这些技术组合在一起构成了信息革命的基础。在Macintosh和Windows PC都没有诞生之前，甚至连MITS Altair都没有问世，便有了首台基于图形界面的个人电脑Alto。这台电脑由施乐帕罗奥多研究中心开发，不仅提供鼠标和以太网，并且已经配备了“所见即所得”的文本处理器。但施乐在当时忙于打专利官司，并没有对其进行推广。在1973年，个

Alto计算机 △

人电脑市场还不存在，所以施乐不知道应当如何处理Alto。施乐生产了几千台Alto并将其分发到各大高校。

1976年，苹果公司推出的Apple Ⅰ，首次为个人电脑带来显示屏的概念，而不再仅仅是一台充满信号灯的大盒子。Apple Ⅰ的内置终端电路相当特殊。用户只需要一组电脑键盘及一台不贵的屏幕。当时其他电脑如Altair 8800通常设计有前置切换开关调整并以灯光(通常是红色LED)输出，若要连接屏幕或电传打字机则需扩充硬件。这使得Apple Ⅰ在当时成为创新机种。

据说，乔布斯于1979年造访施乐帕罗奥多研究中心时看到了Alto，并将Alto的许多功能整合到了苹果Lisa和Mac电脑中。不久后，施乐意识到自己的错误，并开始推广Xerox Star，这是一款基于Alto的技术开发出来的图形化工作站。但推广力度不大，且为时已晚。

早期的IBM兼容机个人电脑遵循“三部分”规则，由显示单元、计算单元和键盘单元（鼠标后来很久才出现）组成，但有些制造商还将显示器作为整机不可分割的一部分生产和销售。不过，在显示器成为计算机标准显示单元之前，也有些人认为个人电脑的输出问题也可以通过使用打印机作为显示单元来解决，但这个创意显然无法被消费者接受。后来，越来越多的生产商生产了带有标准接口的显示器，屏幕尺寸、分辨率、图像颜色等指标不断提升，终于让显示器和图形界面成为个人计算机当之无愧的心灵之窗。

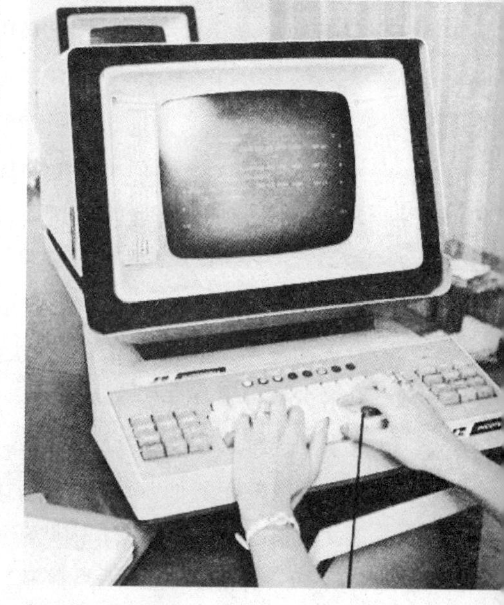

早期的显示器 △

7 桌面上的印刷机

EP-101针式打印机 △

1885年，全球第一台打印机出现。世界上第一台针式打印机是由Centronics公司推出的，可由于当时技术上的不完善，没有推广进入市场，所以几乎没有人记住它。

1968年9月，由日本精工株式会社推出EP-101针式打印机，被人们誉为第一款商品化的针式打印机。

20世纪60年代末，施乐公司推出第一台激光打印机。采用的是电子照相技术。该技术利用激光束扫描光鼓，通过控制激光束的开与关使传感光鼓吸与不吸墨粉，光鼓再把吸附的墨粉转印到纸上而形成打印结果。激光打印机的整个打印过程可以分为控制器处理阶段、墨影及转印阶段。激光打印机虽然发明很早，但真正普及和推广是80年代初才开始的。

1976年，第一台喷墨打印机诞生，喷墨打印技术早在1960年就有人提出，但过了16年，第一台商业化喷墨打印机IBM4640才诞生在IBM，它采用连续式喷墨，无论印纹或非印纹，都以连续的方式产生墨滴，再将非印纹的墨滴回收或分散。但此技术几乎是用滴的方式将墨点印到纸上，效果之差可以想象，因此在现实中毫无实用价值。

1976年，压电式墨点控制技术问世，与IBM4640同年，西门子科技的三位先驱研究者Zoltan、Kyser 和 Sear在同年研发成功压电式墨点控制技术(EPSON 技术的前身)，并将其成功运用在 Seimens Pt-80上，此款打印机在1978年量产销售，成为世界上第一台具有商业价值的喷墨打印机。

1977年，施乐公司9700电子印刷系统面市。

1977年，第一台将激光技术和电子照相技术相结合的商业化激光打印机IBM3800现世。

1979年，日本佳能的研究员成功地研究出Bubble Jet气泡式喷墨技术，此技术利用加热组件在喷头中将墨水瞬间加热产生气泡形成压力，从而使墨水自喷嘴喷出接着再利用墨水本身的物理性质冷却热点使气泡消退，借此达到控制墨点进出与大小之双重目的。据说，1977年7月的一天，东京目黑区的佳能产品技术研究所第22研究室的远藤一郎在实验室进行实验时，偶然将加热的烙铁放在注射针的附件上时，从注射针上迅速地飞出了墨水。受此启发，两年后发明了气泡式喷墨技术。与此同时，惠普也发明了与之本质相同的技术，惠普和佳能都不约而同地宣称是自己的研究人员率先发明了喷墨打印技术，以此树立自己在喷墨打印领域的地位。不过“气泡”这一概念已被佳能抢去，惠普只好将此命名为Thermal Ink-Jet。

1980年8月，佳能公司第一次将其气泡喷墨技术应用到其喷墨打印机Y-80。从此开始了喷墨打印机的历史。

1984年惠普发布其首款 HP LaserJet Classic，发起了桌面激光打印机革命。

至此，激光打印机、喷墨打印机和针式打印机满足了不同用户的需求，获得了市场成功，而热升华打印机、磁式、离子式、静电式等打印机也先后出现，但没有成为商业主流就淡出了人们的视线。

惠普激光打印机 ▽

8 地球将变成村庄：互联网的兴起

1836年，电报诞生。她在人类的远程通信历史上走出了第一步。虽然速度还比较慢，但这和当今计算机通信中的二进制比特流已经相差不远了。

1858—1866年，跨海电缆诞生，大西洋两岸之间实现直接快速的通信。当今联系各大洲的枢纽仍然是海底光缆。

海底光缆 △

1876年，电话诞生。当今的Internet网络依然在很大程度上是架构在电话交换系统之上的。Modem具有数模信号转换的功能，实现了计算机接入互联网的功能。

1957年，苏联发射了第一颗人造卫星，在全球通信领域迈出了第一步。今天许多信息实际上都在通过卫星传输。美国设立了与之竞争的ARPA机构（高级研究规划署），并作为国防部的一部分，为美国军方科技应用打下了基础。

1962—1968年，包交换网络诞生，为实现网络信息传输安全提供了最大可能。

1969年，互联网诞生，美国国防部授权ARPANET进行互联网的试验。先后建立了四个主Internet节点：UCLA大学（洛杉矶），紧接着是斯坦福研究所、UCSB（圣巴巴拉）和USU（犹他州立）。

1971年，人们开始通过互联网交流。在ARPANET网上建立了15个节点（共23台主机），发明了电子邮件这一通过分布网络传送信息的程序。

1972年，计算机可以更加简便地接入互联网，起草了Telnet协议规范。Telnet协议是当今大多数主机之间相互操作的主要方式。

1973年，全球性的互联网开始浮现，首批连入ARPANET的其他国家主机出现，他们是英国伦敦大学和挪威的皇家雷达机构，文件传输协议（FTP）出台，使得联网计算机可以收发文档数据。

1974年，包交换网络传输成为主流，传输控制协议（TCP）出台，互联网的基石——包交换网络奠定。Telnet和ARPANET的商业化运作网络向社会开放，这是第一次向社会提供包数据传输服务。

1976年，网络规模迅速膨胀，伊丽莎白女王进行了发送电子邮件的尝试。

1977年，电子邮件服务蓬勃兴起，互联网正在变为现实，联网主机数量突破100。

1979年，新闻组诞生，第一个MUD（多用户土牢）多人交互操作站点建立。这个站点包含了各种冒险游戏、棋类游戏和丰富详尽的数据库。包交换无线电网（PRNET）在ARPA的资助下开始试验。许多无线电爱好者在这个网络上进行了无数的通信实验。

1982年，TCP/IP缔造了后来的网络通信模式。

1983年，互联网越来越壮大了，开发出了域名服务系统。

1984年，互联网继续保持增长，主机数量突破1000台，域名服务系统(DNS)正式启用，代替了“123.456.789.10”这样的点分十进制的地址，而像“www.abc.com”这样的域名更容易被大家记住。

1987，商业化的互联网诞生，联网主机数量达到28 000台，在Usenix的资助下，UUNET创立并着手提供商业化的UUCP和Usenet接入服务。

1988年，USENET主干升级到T1级（即1.533M），网络中继聊天服务(IRC)被开发出来。

1989年，互联网获得巨大的增长，接入主机数突破10万台。

互联网生活 △

9 价值数万的电子砖头“大哥大”

1902年，一位叫做内森·斯塔布菲尔德的美国人在肯塔基州默里的乡下住宅内制成了第一个无线电话装置，这部可无线移动通信的电话就是人类对“手机”技术最早的探索研究。

1938年，美国贝尔实验室为美国军方制成了世界上第一部“移动电话”。

1946年，贝尔实验室造出了第一部所谓的移动通信电话。但是，由于体积太大，研究人员只能把它放在实验室的架子上，慢慢地人们就淡忘了。

1973年4月，美国工程技术员马丁·库帕发明了世界上第一部推向民用的手机，马丁·库帕从此被称为“手机之父”。1973年4月的一天，一位男子站在纽约的街头，掏出一个约有两块砖头大的无线电话，并打了一通，引得过路人纷纷驻足侧目。这个人就是手机的发明者马丁·库帕。当时，库帕是美国著名的摩托罗拉公司的工程技术人员。

马丁·库帕和他的“大哥大” △

世界上第一通移动电话是打给他在贝尔实验室工作的一位对手。对方当时也在研制移动电话，但尚未成功。库帕后来回忆道：“我打电话给他说：‘乔，我现在正在用一部便携式蜂窝电话跟你通话。’我听到听筒那头的‘咬牙切齿’——虽然他已经保持了相当的礼貌。”到

2013年4月，手机已经诞生整整40周年了。科技人员之间的竞争产物已经遍地开花，给我们的现代生活带来了极大的便利。马丁·库帕已经74岁了，他在摩托罗拉工作了29年后，在硅谷创办了自己的通信技术研究公司，他是这个公司的董事长兼首席执行官。马丁·库帕当时的想法，就是想让媒体知道无线通信——特别是小小的手机——是非常有价值的。另外，他还希望能激起美国联邦通信委员会的兴趣，在摩托罗拉同AT&T（AT&T也是美国的一家通信大公司）的竞争中，支持前者。

第一代手机（1G）是指模拟的移动电话，也就是在20世纪八九十年代中国香港、美国等影视作品中出现的“大哥大”。由于当时的电池容量限制和模拟调制技术需要硕大的天线和集成电路的发展状况等制约，这种手机外表四四方方，只能称为可移动，算不上便携。很多人称呼这种手机为“砖头”或是“黑金刚”等。这种手机有多种制式，如NMT、AMPS、TACS，但是基本上使用频分复用方式，只能进行语音通信，收讯效果不稳定，且保密性不足，无线带宽利用不充分。此种手机类似于简单的无线电双工电台，通话是锁定在一定频率的，所以使用可调频电台就可以窃听通话。

首部商用手机 △

“大哥大”的出现，意味着中国步入了移动通信时代。1987年，广东为了与港、澳实现移动通信接轨，率先建设了900MHz模拟移动电话。摩托罗拉公司也在北京设立了办事处。这种重量级的移动电话，厚实笨重，状如黑色砖头，重量都在500克以上。它除了打电话没别的功能，而且通话质量不够清晰稳定。它的一块大电池充电后，只能维持30分钟通话。虽然如此，“大哥大”还是非常紧俏。当年，“大哥大”公开价格在2万元左右，但黑市售价曾高达5万元。

10 BP机，消逝已久的时尚

即时通信是从BP机开始的，它将人们带入了没有时空距离的年代，时时处处可以被找到，大大提高了人们的生活、工作效率，但也让人无处可藏。人们对它爱恨交加，但已离不开它。20世纪末，它是中国、亚洲甚至全世界广为流传的可以联系的通信工具，但随着手机的兴起，它却成了消逝的时尚。

寻呼机是接收寻呼台无线呼叫信号的个人信息终端，不具备发射功能，一个简单的寻呼系统由三部分构成：寻呼中心、基站和寻呼接收机。如果主叫用户要寻找某一个被叫用户时，他可利用市内电话拨通寻呼台，并告知被叫用户的寻呼编号、用户的姓名、回电话号码及简短的信息内容。话务员将其输入计算机，经过编码，最后由基站无线电发射机发送出去。被叫用户如在它的覆盖范围内，他身上的寻呼接收机则会收到无线寻呼信号，并发出“哔哔”声或振动。同时，把收到的信息存入存储器，并在液晶显示屏上显示出来。这时被叫用户就可获得所传信息，或回主叫用户一个电话进行联系。

寻呼接收机外观小巧，但内部却是一个五脏俱全的无线电接收机，一般由射频接收单元和逻辑控制单元两大部分组成。射频接收单元由天线、高放、混频、中放及滤波、限幅放大和鉴频等电路组成。逻辑控制单元由微处理器、译码器、综合功能接口组件、地址和功能数据存储器、液晶显示器和升压电路等组成。一般要求体积小、耗电省、可靠性高、便于携带。

1948年，美国贝尔实验室研制出世界上第一台寻呼机，取名为BellBoy。

1956年，摩托罗拉公司也推出了第一款无线电寻呼机产品。早期的寻呼机形状如单向收音机，有砖头那么大。呼叫员整天在机器里不停地念着各种信息，有点像今天的出租车调度台，你听到的是呼叫员发出的所有信息。得仔细留意自己的名字，错过了，就再也找不到了。

后来，每个寻呼机都取了一个数字名字，因此它只接收对自己的呼唤，而忽略其他信息。当接到对自己的呼唤时，呼机就会“嘀滴”地响起来，它的主人于是需要找到一部电话，向呼叫员询问信息，这就是模拟寻呼机。

数字呼机 ▽

70年代曾出现了语音呼机——某种信息到来之前，寻呼机发出一种预定的声音信号，使用者打开机器便可听到这一信息。

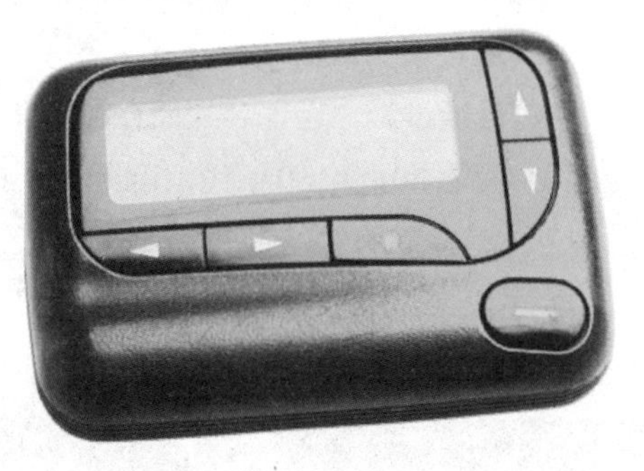

后期BP机 △

80年代早期出现了数字呼机，它的屏幕很小，只能把数字写在上面，以显示不同的数字来代表不同的信息内容。显然，这种寻呼机所能传递的信息就比前一种丰富得多了。

随后几年出现了能显示文字信息的寻呼机，这些信息可能是告诉你需要回的电话、会议开始的时间或航班情况。后来的寻呼信号已通过卫星向全国各地传播，在电波中搜索特定的寻呼机号码，准确地找到目标。

如今，手机短信以及无线互联网的即时通信工具作为文字寻呼机的继承者，仍然大行其道，只不过你聊微信的时候，很难再想起以前的BP机了。

11 数码相机的黎明

数码相机是一种利用电子传感器把光学影像转换成电子数据的照相机。数码相机与普通照相机在胶卷上靠溴化银的化学变化来记录图像的原理不同，数码相机的传感器是一种光感应式的电荷耦合器件（CCD）或互补金属氧化物半导体（CMOS）。在图像传输到计算机以前，通常会先储存在数码存储设备中。数码相机集成了影像信息的转换、存储和传输等部件，具有数字化存取模式、与电脑交互处理和实时拍摄等特点。光线通过镜头或者镜头组进入相机，通过成像元件转化为数字信号，数字信号通过影像运算芯片储存在存储设备中。

早在20世纪60年代，就开始了CCD芯片的研究与开发。1969年，贝尔实验室的乔治·史密斯和韦拉德·博伊尔将可视电话和半导体泡存储技术结合，设计了可以沿半导体表面传导电荷的“电荷‘泡’器”，率先发明了CCD器件的原型。

数码相机之父赛尚 ▽

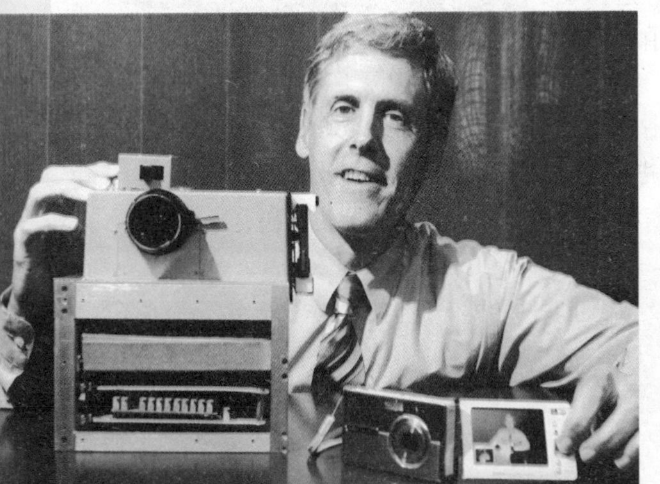

当时发明CCD的目的是改进存储技术，元件本身也被当作单纯的存储器使用。随后人们认识到，CCD可以利用光电效应来拍摄并存储图像。

1970年，贝尔实验室进行了相关实验。

CCD阵列是由喷气

推进实验室于1972年研制成功的，尺寸是100×100像素。商业CCD也在同一时期由美国仙童公司推出。当时的CCD增益非常低，只有百分之零点几，比照相底片稍高。

1975年，在美国纽约罗彻斯特的柯达实验室中，一个孩子与小狗的黑白图像被CCD传感器获取，记录在盒式音频磁带上。这是世界上第一台数码相机获取的第一张数码照片，影像行业的发展就此改变。

这个项目的目的是不用胶片来拍摄影像，其原型产品只有1万像素，成像非常粗糙。谈到那段历史，数码相机之父赛尚还记忆犹新："在当时，数码技术非常困难，CCD很难控制，A/D转换器也很难制造，数码存储介质难于获取，而且容量很小。当时没有PC，回放设备需要量身定做。这些难点让我们用了一年的时间才安装完这台相机。"

"当原型机第一次展示给投资者时，他们询问这种产品何时可以成为消费品，我回答，大概是15～20年这种产品才会走进普通消费者家庭。"赛尚的判断相当准确，数码相机的发展走过一条漫长的道路。

在20世纪70年代末到80年代初，柯达实验室产生了一千多项与数码相机有关的专利，奠定了数码相机的架构和发展基础，让数码相机一步步走向现实。

1981年，索尼公司发明了世界上第一架不用感光胶片的电子静物照相机——静态视频"马维卡"照相机。这是当今数码照相机的雏形。

1988年，富士与东芝在科隆博览会上展出了共同开发的、使用快闪存储卡的富士克斯数字静物相机DS-1P，在这前后，富士、东芝、奥林巴斯、柯尼卡、佳能等相继发表了数字相机的试制品。

1989年，柯达终于研制出了第一台商品化的数码相机DSC-100。

第一台商品化的数码相机DSC-100 △

12 承载快乐的飞碟：光盘

纸的发明极大地促进了人类文明的进步，它记载了人类文明的发展史。从信息存储的角度看，光盘完全可以看成一种新型的纸。一个小小的塑料圆盘，其直径不过12厘米，而存储容量却高达600多兆字节。如果单纯存放文字，一张光盘相当于15万张16开的纸，足以容纳数百部大部头的著作。但是，光盘在记录信息原理上却与纸大相径庭，光盘上信息的写入和读出都是通过激光来实现的。激光通过聚焦后，可获得直径约为1微米的光束。据此，荷兰飞利浦公司的研究人员开始使用激光光束来进行记录和重放信息的研究。

1972年，飞利浦向新闻界展示了一种新型的家庭音频媒介，也就是光学影碟。这种技术被飞利浦称为“Video Long Play”（VLP），是在飞利浦经过多年研究后开发出来的，目标是将其作为一种把家庭视频引入大众市场的方式。

光盘 △

1979年3月8日，飞利浦在荷兰召开了一次新闻发布会。在这次发布会上，新闻记者首次体验了数字音乐。最初的产品就是大家所熟知的激光视盘（LD）系统。飞利浦的这种新产品得到了热烈的回应，但这家公司能感觉到亚洲电子行业巨头正虎视眈眈。在几年以前，多家日本电子公司都已经展示了自己的数字音频光盘原型。

接下来的两年时间里，整个音频电子行业都在争相研究新技术，目的是开发出体积更小的CD播放器，使其尺寸能符合HiFi机箱的要求。索尼碰巧首先发布了自己的能满足这种要求的CD播放器。在当时，短短六

个月时间里就出现了10种各自不同的CD播放器。

电子行业在不久以后就发现了CD的潜力，明白这种产品不只是作为一种音乐的搭载工具。电子公司开始将其用于静止视频图像（CD+G）、模拟视频/数字音频混合（CD Video）、纯数字视频（Video CD）、互动元素（CD-i）、照片存储（Photo CD）等许多领域。

在音频光盘首次问世的时候，消费者自然而然地从实用的角度来看待这种发明，那就是可作为体积很小的、耐用性强的无噪声音频媒介。电脑工程师也同样在关注这项技术，注意到一张4.7英寸（约合12厘米）的光盘能存储令人惊愕的6.3亿字节的信息。

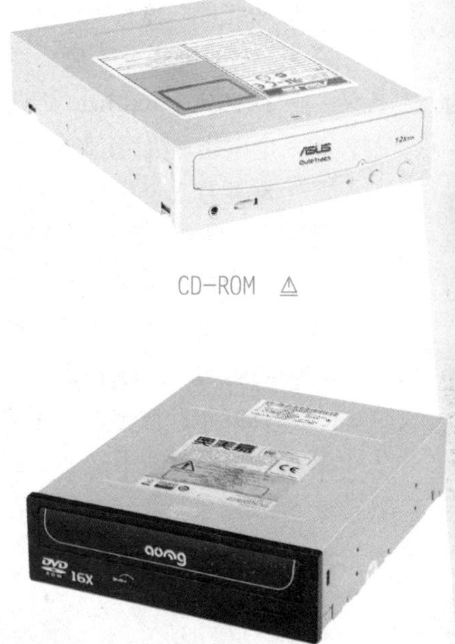

CD-ROM △

DVD-ROM △

有六家电脑媒体公司几乎是立即就展开了一场竞争，目的是重新定义CD的用途，将其作为用于电脑软件的一种媒介。由这六家电脑媒体公司所创造的与消费者紧密联系的CD光驱原型最早在1983年底就已经出现，这种趋势一直持续到1984年。索尼和飞利浦认识到，一场可能发生的子格式“大战”正在酝酿中，因此两家公司决定创造一种官方的标准，它们将这种标准称作CD-ROM（即只读光盘驱动器）。

随着时间的推移，CD-ROM的地位已经被DVD-ROM以及其他的光学技术所取代。但是，真正“杀死”CD-ROM作为最流行的软件交付方法的发明并非DVD-ROM或其他技术，而是互联网。具有讽刺意味的是，现在正在逐渐“杀死”音频CD的同样也正是互联网。

13 金嗓子：扬声器简史

人类一直企盼着有一天可以把那些天籁之声留下，随时重现。这从企盼到尝试到最终如愿以偿的过程，就是人类在电与声的探索中逐渐摸索、逐步成长的过程。

静电扬声器 始于电话，1876年2月14日，贝尔发明的电话让人类的声音从此可以传到比叫喊更远的地方，人类也从此懂得了声与电的转换关系，并从此乐此不疲。

1910年，Baldwin发明了平衡电枢式耳机，这是所有放音设备的鼻祖。电枢式耳机用U形的磁铁带动装有线圈的振膜运动。

在此基础上发展出的现代静电扬声器工作于中高频段，音质轻盈细致，富有特色，很容易得到清澈透明的中高音。

电动式扬声器 维尔纳·冯·西门子于1874年1月20日申请了电动式扬声器原型专利，让带支撑系统的音圈处于磁场中，以便使振动系统保持轴向运动。当时主要用于继电器而不是扬声器领域。

1898年，洛奇申请了第一个实用电动式扬声器专利，将音圈放在内外圆极板的磁隙中运动，和许多发明一样，当时这个伟大的发明太超前

电动式扬声器原理 △

了。这个发明决定了现在99%的现代动圈扬声器的结构，在过去的五十年间，电动式扬声器的基本原理没有变化，只是改进了设计细节及零件。频响范围、动态范围等方面较老产品有了长足的发展。电动式扬声器以结构简单、音质优秀、成本低、动态大，已经成为目前市场主流。

带式扬声器 理想的换能器使用可以通过电流的薄片振动膜，大家开始构思带式扬声器。1923年1月，西门子申请了第一个带式扬声器专利。他将一个水平波浪型纯铝薄膜安装在磁体两极之间，波浪形纯铝膜可以降低纵向硬度，降低了谐振频率。

带式扬声器主要应用于中高频段，由于其频响曲线平直，高频上限极高，有着非常好的瞬态效果，因此可以方便地形成线性声源。

扬声器发展简史：

1877年，德国人西门子提出了扬声器雏形的专利。

1907年，福雷特斯发明了三极电子管。

1920年，强生发表了收音机扬声器专利。

1922年，西门子的格洛克发明了带式电声换能器。

1923年，美国西部电器公司生产电磁式纸盆扬声器。

1924年，塞克斯和格洛克发明了电动式传声器。

1924年，美国赖斯和凯洛格发明了电动式扬声器。

1926年，电动式纸盆扬声器由马格纳沃克斯公司投入市场。

1929年，凯尔推出静电扬声器。

1930年，瑟阿斯提出了倒相式扬声器箱。

1933年，提出双频带扬声器系统，高频部分使用罗谢尔盐的高频扬声器。

1975年，日本人提出高分子压电扬声器。

虽然人类电声的历史如此曲折复杂，但如今确实涌现出非常多的优秀创新型电声扬声器，而事实上，这些创新的扬声器设计让很多20世纪最好的电声科学家绞尽脑汁。

美国西部电器公司生产的电磁式纸盆扬声器 △

14 悄悄地唱给你听：耳机

耳机也起源于电话设备，20世纪20年代，耳机的运用已经非常普遍，不过它不是拿来听音乐，而是具有特殊用途的器材，特别是军事用途。

1970年以前还没有HiFi耳机，并不是技术不成熟，只是耳机市场还没有派生出HiFi耳机的分支。HiFi是英语High-Fidelity的缩写，直译为“高保真”，其定义是：与原来的声音高度相似的重放声音。现在普遍认为，STAX公司在1960年开始生产的sr-1静电耳机是HiFi耳机的雏形。

HD414 △

70年代初期，如今依旧寰球驰名的森海塞尔和高斯终于推出了量产的早期HiFi耳机：1968年的森海塞尔HD414和1970年的高斯PRO4AA。“凶名”在外的高端耳机Jecklin Float（即今天的Ergo气动式耳机）是在1971年发明，并于次年投入生产的。其中HD414尤其风骚，它不仅是第一个开放式的耳机，同时也是第一个使用聚酯薄膜微型扩音器而不是传统的纸质锥形单体的耳机。两个创新石破天惊，开创了现代耳机的标准。

在70年代末，高端耳机技术向多样化发展，市场百花齐放，一片繁荣景象。静电单元、动圈单元和平面振膜单元……都有力作推出。索尼公司在1979年推出随身听（Walkman），随后高端耳机市场迅速衰退，廉价耳机进入主导地位。这都是索尼惹的祸，轻巧灵活、驱动电压要求很低的Walkman，随机附带的廉价耳塞很受欢迎。巨大、笨重、难以驱动的早期HiFi耳机迅速进入了历史的垃圾桶。当时人们认为HiFi耳机的时代结束了。

直到1985—1995年，现代化的HiFi耳机才逐渐定型。可携带的HiFi耳机开始和索尼竞争市场。其中领导“起义”的是高斯1984年开始生产的Prota Pro。欧洲厂家也在进行变革，尽管在80年代中期，动圈似乎完全不是其他种类单元的对手，但技术的革新却让高端耳机逐渐从各种花样变成统一使用动圈单元。而创造了历史、改变了耳机工程师观念的就是现在依然经典的白牙DT880，DT880是白牙早期产品ET1000的延伸和廉价化的产物。当然了，森海在同期也推出了高端动圈耳机，跟风促成了现代耳机的潮流。

其实，现在耳机界的三巨头——森海、白牙和AKG（爱科技）原来都是麦克风的生产厂家。森海塞尔这个源自德国的品牌是高保真耳机领域里最有名望的，发烧友几乎尽人皆知，历史长达五十多年。AKG是奥地利著名耳机及话筒生产厂商，其产品在专业领域有着很高声望，这三个字母就是专业精神与声音品质的代表。白牙是德国耳机专业厂家。五十年前，白牙话筒几乎垄断了全世界的话筒市场，从诞生至今，白牙公司都一直在生产世界上最昂贵的话筒，所以可以这样说，白牙意味着高品位和高品质。

相比音响，HiFi耳机确实简单了很多。什么样的音响器材的重放声音才是HiFi呢？迄今为止仍难以得出确切的结论。判别重放声音高保真程度的高低，不仅需要有性能优良的器材和软件，而且还要有良好的听音环境。因此，如何正确衡量音响器材的HiFi程度，还存在着客观测试和主观评价的差别。发烧友口中和耳中的HiFi永无止境。

AKG K240 △

15 红白机的帝国

雅达利2600 △

1979年，当时的游戏巨头雅达利公司隆重推出的可以更换节目的第二代电视游戏机风行一时，当年就达3.3亿美元的销售额，成为圣诞节抢手的礼物。但是雅达利电视游戏机的节目容量仍很小，造成卡通形象和动作十分呆板，背景也很单调，游戏简单乏味。曾经盛极一时的雅达利公司开始走上了下坡路，到1985年销售额跌到1亿美元的低谷。雅达利公司因此而破产易主，并在1998年灭亡。

在全世界电子游戏机行业经历了大起大落之后，电子游戏机受到了大多数厂商的冷落，放弃了这个市场。

当时，只剩下日本的任天堂公司不改初衷。任天堂原是日本一家专门生产和经营扑克牌的公司，年轻的山内溥子承父业接管了任天堂公司后，才开始致力于电子游戏机的开发和研制。他们在对当时人们购买苹果个人计算机的消费心理进行分析时，得到的是一个极不平常的结论：多数人买计算机仅仅是用来玩电子游戏。根据这个事实，任天堂公司忍痛割爱地砍掉个人计算机的其他功能，只保留其娱乐性。

1983年，在日本这个“太阳升起的地方”，日本玩具业巨星任天堂公司正在冉冉升起，任天堂第三代家用电脑游戏机问世了。它以高质量的游戏画面，精彩的游戏内容和低廉的价格一下子赢得了全世界不同年龄、不同层次人士的喜爱，震撼了整个玩具业。任天堂单是FC机的主机的发售收入就超过当时全美国的电视台的收入总和，任天堂一夜之间成为全世界最大的电子游戏公司。

红白机全称是任天堂 Family Computer (简写成Famicom或红白机或FC)，现在很多游戏的前身就来自于FC，FC为游戏产业做出了相当大的贡献，甚至可以说FC游戏机是日本游戏产业的起点。FC也曾在20世纪八九十年代风靡中国大陆，那个时候也有很多人管它叫红白机，相信很多玩家都有在童年时代玩红白机游戏的经历，也有很多玩家就是从这个神奇的主机开始了自己的游戏生涯。

80年代初正是日本经济蓬勃发展的年代，FC压倒性的优势在这个黄金时代体现得淋漓尽致，FC累计销量1亿台以上。FC是在中国第一款大规模流行的游戏机，恐怕也是最流行的一款游戏机，对那个年代的人来说应该是难以忘怀。

1984年，邓小平提出了“计算机的普及要从娃娃做起”的口号，从此FC作为开发青少年智力的电子设备大量涌入中国，紧跟其后的就是大量的“学习机”，6502处理器处理一些文本程序和小型的学习程序自然不在话下，对当时的中国来说确实很像个“家用电脑”，当然，一般情况下是以游戏为主。FC这种依靠优秀软件扶持游戏机的销售策略使其在很长一段时间里都占尽优势，挑战这位霸主的有SEGA公司和NEC公司，甚至雅达利公司也想翻盘，但都不敌任天堂的FC。80年代至90年代初期是名副其实的任天堂时代。

截至1996年1月官方宣布终止FC，其全球销量已经超过了6000万台，其中日本1800万台，如果算上盗版或兼容机的话，数量更是惊人。FC上出了不少经典的游戏，《魂斗罗》、《坦克大战》、《忍者龙剑传》、《超级玛丽》……虽然那个时候无论是手柄还是游戏画面都不能和现在比，但是这些游戏给我们带来了美好的回忆。

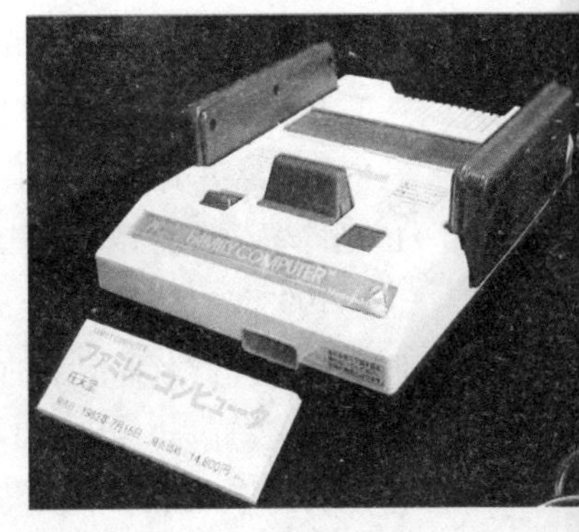

任天堂电视游戏机 △

五　黑客年代

20世纪90年代，网络把地球变成了“村落”，人类从未如此嘈杂，也从未如此享乐，黑客们被很多人奉为电子世界的“义盗”和“英雄”，其实真正改变这个世界的力量，却仍然是那些满脑子奇思妙想的家伙们。

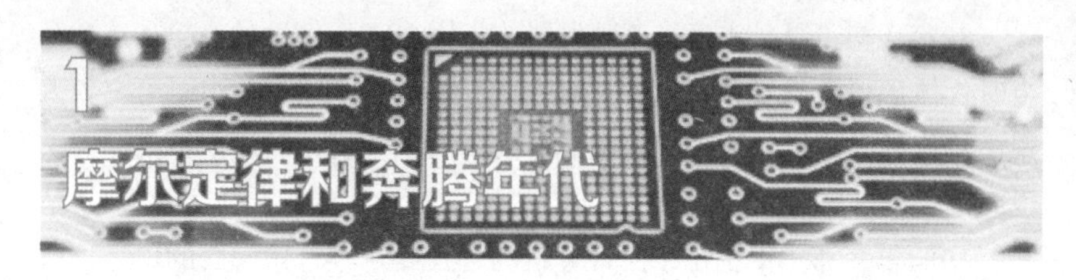

摩尔定律是由英特尔（Intel）创始人之一戈登·摩尔提出来的。其内容为：当价格不变时，集成电路上可容纳的晶体管数目，约每隔18个月便会增加一倍，性能也将提升一倍。换言之，每一美元所能买到的电脑性能，将每隔18个月翻两倍以上。这一定律揭示了信息技术进步的速度。

486芯片

20世纪90年代CPU技术的发展很好地验证了这个规律。

1989年5月10日，我们大家耳熟能详的80486芯片由英特尔推出。这款芯片的研发经过了四年时间，投入了3亿美元，其伟大之处在于它首次突破了100万个晶体管的界限，集成了120万个晶体管，使用1微米的制造工艺。

1993年3月22日，全面超越486的新一代586 CPU问世，为了摆脱486时代微处理器名称混乱的困扰，英特尔公司把自己的新一代产品命名为Pentium(奔腾)，以区别AMD（超威半导体）和Cyrix的产品。

1995年11月1日，英特尔推出了Pentium Pro处理器。Pentium Pro的工作

频率有150/166/180/200MHz四种，都具有16KB的一级缓存和256KB的二级缓存，达到了440MIPs 的处理能力和5.5M个晶体管。这比4004处理器的晶体管提升了2 400多倍。值得一提的是，Pentium Pro采用了PPGA封装技术，处理器与高速缓存的连接线路被安置在该封装中，这样就使高速缓存能更容易地运行在更高的频率上。

Pentium Pro芯片

1997年1月8日，英特尔推出Pentium 系列的改进版本，内部代号P55C，也就是我们平常所说的Pentium MMX 。Pentium MMX在原Pentium的基础上进行了重大的改进，MMX CPU比普通CPU，在运行含有MMX指令的程序时，处理多媒体的能力提高了60%左右。MMX技术开创了CPU开发的新纪元。

1997年4月7日，英特尔发布了PentiumⅡ处理器。内部集成了750万个晶体管，并整合了MMX指令集技术。此时，英特尔 PentiumⅡ架构已经从Socket 7转成Slot 1，并首次引入了S.E.C封装(Single Edge Contact)技术，将高速缓存与处理器整合在一块PCB板上。Slot 1的PentiumⅡ晶体管数为900万，并且具有两种版本的核心：Klamath与Deschutes。同时代与之竞争的是AMD的K6–2，这时候的口碑也相当不错。

AMD的K6–2

1997年6月2日，英特尔发布了233MHz Pentium MMX。

1998年2月，英特尔发布了333MHz PentiumⅡ处理器，开发代号为Deschutes，并且首次采用了0.25微米制造工艺，在低发热量的情况下提供比以前产品更快的速度。

1999年2月22日，AMD发布K6–3 400MHz 版本，在一些测试中，它的性能超越了后来发布的Intel PentiumⅢ。它包括了23M 晶体管，并且基于100MHz Spuer socket7主板，与那些使用66MHz总线的芯片相比，性能的提升是卓越的。

1999年10月，英特尔推出了基于0.18微米工艺制造的PentiumⅢ处理器。

1999年11月29日，AMD发布了Athlon 750MHz，在主频和性能上超过了英特尔。

2 电脑存储的G时代：硬盘

现在我们使用的电脑的硬盘容量往往已经超过了我们日常所需，有些“供大于求”的局面，但是在五十多年前，情况是怎样的呢?

第一款硬盘 △

1956年9月，世界上出现的第一个硬盘是由IBM公司研制开发的RAMAC（Random Access Method of Accountingand Control）。这个庞大的物体，我们很难想象它就是硬盘当初的模样。但是，正是这个由50个直径为24英寸金属磁片组成的庞然大物，开启了硬盘领域的发展史。当然，IBM也就当之无愧地坐上了硬盘鼻祖的宝座。

RAMAC中间的一个圆柱体容器，就是我们现在硬盘盘片的雏形。他的磁头可以直接移动到盘片上的任何一块存储区域，从而成功地实现了随机存储，大家别看他个子比较大，以为容量就吓人，其实他不过才有5M的空间。它一共使用了50个直径为24英寸的磁盘，这些盘片表面涂有一层磁性物质，并且堆叠在一起，它通过一个传动轴承可以顺利地工作（真想看看那个时候的电机有多大）。盘片由一台电动机带动，只有一个磁头，磁头上下前后运动寻找要读写的磁道。盘片上每平方英寸（1平方英寸=6.451 6平方厘米）的数据密度只有2 000bit，数据处理能力为

1.1kb/s。

1968年，IBM提出了“温彻斯特”技术的可行性，这次提出的技术奠定了之后硬盘发展的方向。“温彻斯特”技术的精髓在于提出了“密封、固定并高速旋转的镀磁盘片，磁头沿盘片径向移动，磁头悬浮在高速转动的盘片上方，而不与盘片直接接触”，这同样是我们现在硬盘所走的道路。

1991年，硬盘的发展逐渐加快了脚步，真正步入G时代，其领导者毋庸置疑仍然是IBM公司。IBM公司推出了0663-E12硬盘，它应用了先进的MR磁头，当然它不光是打破了G赫兹容量的硬盘纪录这么简单，同时它还是首个3.5寸的硬盘。由此，3.5寸也成为现代台式计算机的结构标准。

90年代后期，GMR磁头技术问世了。GMR磁头中文名称是巨磁阻磁头，它与MR磁头一样是采用特殊材料制成的，利用这种材料电阻值随磁场变化的原理来读取盘片上的数据，唯一的不同之处在于巨磁阻磁头使用了磁阻效应更好的材料和多层薄膜结构，更增强了读取的敏感度，相同的磁场变化能引起更大的电阻值变化，从而可以实现更高的存储密度，现有的MR磁头能够达到的盘片密度为每平方英寸3Gbit~5Gbit，而GMR磁头可以达到每平方英寸10Gbit~40Gbit以上。

迈拓DM硬盘 △

1999年之前，硬盘还一直在6.4G左右徘徊，一直没有新的突破。然而就在这一年，著名的硬盘公司迈拓推出了它的DiamondMax40产品，也就是钻石九代，单碟磁盘容量达到了10G这样前所未有的情况（现在看似乎有些可笑了），促使了大容量硬盘的诞生。从此，硬盘发展的脚步又开始加快。

3 DDR的爷爷叫作EDO

现在的电脑玩家，大都知道DDR3、DDR2，甚至用作显存的DDR5，但是DDR1很少有人提起，更不要说DDR时代之前的那些老爷内存了。内存的更新换代可谓万变不离其宗，其目的在于提高内存的带宽，以满足CPU不断攀升的带宽要求，避免成为高速CPU运算的瓶颈。那么，内存在PC领域有着怎样的精彩人生呢？这里我们简单地回顾一下DDR的祖先们。

在计算机诞生初期并不存在内存条的概念，最早的内存是以磁芯的形式排列在线路上的，每个磁芯与晶体管组成的一个双稳态电路作为一比特的存储器，每一比特都要有玉米粒大小，可以想象，一间的机房只能装下不超过百k字节左右的容量。后来才出现了焊接在主板上的集成内存芯片，以内存芯片的形式为计算机的运算提供直接支持。那时的内存芯片容量都特别小，最常见的莫过于容量256k带宽1bit、容量1M带宽4bit。虽然如此，但这相对于那时的运算任务来说却已经绰绰有余了。

焊接在主板上的集成内存芯片 △

但这也给后期维护带来了问题，因为一旦某一块内存IC 坏了，就必须切割下来才能更换，由于焊接上去的IC不容易取下来，同时加上用户也不具备焊接知识，这使得维修起来太麻烦。因此，PC设计人员推出了模块化的条装内存，每一条上集成了多块内存IC，同时在主板上也设计相应的内存插槽，这样内存条就方便随意安装与拆卸了，内存的维修、升级都变得非常简单，这就是内存“条”的来源。

在80286主板刚推出的时候，内存条采用了30pin的SIMM（Single Inline Memory Modules，单边接触内存模组）接口，也就是有三十个金手指的内存条，容量为256kb，必须是由8片数据位和1片校验位组成1个bank（单元），正因如此，我们见到的30pin SIMM一般是四条一起使用。80年代末，386和486时代，还出现了72pin SIMM 内存，72pin SIMM支持32bit带宽的快速页面模式内存，内存带宽得以大幅度提升。72pin SIMM内存单条容量一般为512kb ~ 2Mb。

EDO DRAM（Extended Date Out RAM，外扩充数据模式存储器）内存是1991年到1995年间盛行的内存条，EDO DRAM同FPM DRAM（Fast Page Mode RAM，快速页面模式存储器）极其相似，它取消了扩展数据输出内存与传输内存两个存储周期之间的时间间隔，在把数据发送给CPU的同时去访问下一个页面，故而速度要比普通DRAM快15%~30%。工作电压一般为5V，带宽32bit，速度在40ns以上，其主要应用在当时的486 及早期的Pentium电脑上。

事实上，老式的EDO内存也属于72pin SIMM内存的范畴，不过它采用了全新的寻址方式。EDO在成本和容量上有所突破，凭借着制作工艺的飞速发展，此时单条EDO内存的容量已经达到4Mb ~ 16Mb。由于Pentium及更高级别的CPU数据总线宽度都是64bit甚至更高，所以EDO DRAM与FPM DRAM都必须成对使用。

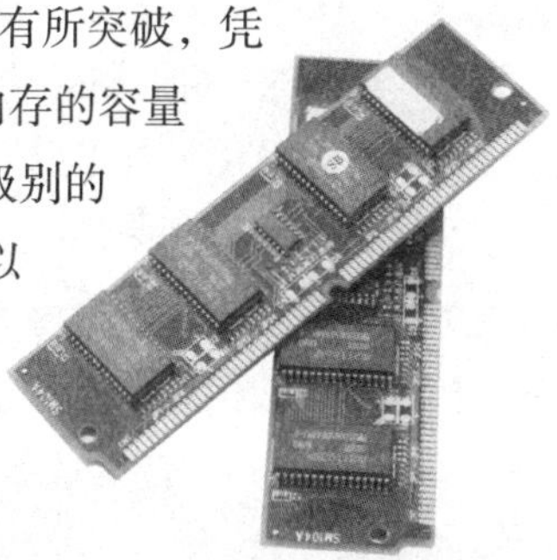

EDO DRAM内存条 △

在1991 年到1995 年中，出现了一个尴尬的情况，就是那几年内存技术发展比较缓慢，市场上老式的72pinEDO DRAM和新式的168pin EDO DRAM并存，而且无法互相兼容。可见从那时起，兼容性就已经成为令DIY爱好者头疼的问题，而实际上，这也成为厂家逼迫消费者升级换代的商业法宝，至今无往而不胜！

4 主板：DIY时代的基础

主板作为计算机的重要组成部件，其生产已经成为计算机行业的一个领域。主板的更新换代，主要起因于CPU的更新换代和主板上芯片组的更新换代。

主板上的OPTI芯片组 △

早期的386微机中采用的控制芯片组是82C30系列。82C30芯片组采用了六片结构，再加上一片外设控制芯片，构成完整的386微机控制系统。82C30芯片组单片芯片的集成度小、功能差，但是它的某些基本功能至今仍然在使用。目前使用的大规模集成芯片组，常常是把多个芯片的功能集成在一两片芯片中并增加了一些新的功能。除了82C30系列外，典型的386控制芯片组还有OPTI公司的WB386PC/AT芯片组。

486微机采用的控制芯片组在功能上与386控制芯片组没有大的变化，只是由于486处理器把协处理器集成到CPU内部（即FPU），控制芯片组的局部性能有小的调整而已。486控制芯片组大多为两片结构，即由系统控制器和数据缓冲控制器组成。

586时代以后，随着控制芯片技术的发展，主板逐渐显露出我们现在主板的雏形，这时候，包括英特尔和威盛等主要芯片厂家也开始走上历史舞台。

无论从哪个方面说，英特尔主宰着整个芯片市场的走向，主板的发展一直伴随着CPU的发展。当英特尔全面进军奔腾时代的时候，以英特尔和威盛为主的两大芯片生产商逐渐成为市场的主流，曾几何时，威盛的693、694芯片组成为多少“粉丝”追逐的对象，正是因为竞争才产生了当下众多的产品进步。

Intel440系列芯片组作为PⅡ时代的主要产品，一直以来都代表着主板发展的重要阶段。自1997年5月英特尔发售PentiumⅡ以来，所有的PⅡ（包括PⅡ233、PⅡ266、PⅡ300、PⅡ333）只能支持66MHz总线频率，因此440LX芯片一直以来都给人留下了滞后于Socket7的印象。1998年4月16日，英特尔公司发布了支持100MHz外频的Pentium Ⅱ350/400MHz的Deschutes处理器，但该类处理器必须借助于新的芯片组支持，而配合Pentium Ⅱ350/400MHzCPU工作的芯片组是同时推出的440BX AGPset，它是英特尔第一套既支持66MHz又支持100MHz外频的芯片组，它可充分发挥Pentium Ⅱ350/400MHz的性能，是PⅡ步入100MHz系统规格的重要产品。

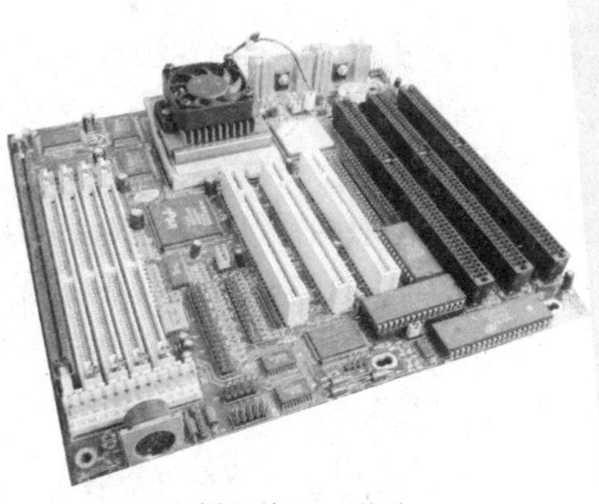

主板上的Intel芯片 △

在英特尔着力推进其CPU发展的时候，AMD也在同期推出了不同的CPU，但是直到K6系列出品的时候，真正意义上的竞争才开始了。1997年推出的K6使用Socket7架构。这也使适应其的主板进一步脱离了英特尔。应该说K6的出现是AMD的一个革新，也是整个主板芯片组的一个革新。

在主板的发展历史上，我们不得不提到威盛和SIS（矽统科技有限公司）。在英特尔推出PⅡ的时候，威盛和SIS是最不可忽视的力量。当PⅢ时代到来的时候，威盛和SIS更是以其优秀的品质征服了很多人。PⅡ时代，价格昂贵的英特尔主板让很多热衷于DIY的人望眼欲穿。威盛和SIS为大家解决了这个问题，价格低廉、功能甚至更多的芯片组同时也令主板的价格更加合理。而威盛主导提出了PC133标准，隐隐中对英特尔的垄断地位提出了挑战。

现在的主板业已经被众多的厂商所充斥，芯片厂商AMD、英特尔、威盛、SIS始终占据着主流市场。

5 Voodoo:3dfx曾经的辉煌

显卡大概是最让我们既爱又恨的电脑配件了。游戏开发商不断推出新的游戏，让我们得到刺激享受的同时，也逼得我们不得不乖乖奉上腰包。几乎每一位资深的游戏玩家，都能如数家珍地列举出一系列当年让人为之疯狂的显卡，说不定家里床底下一翻，也许还躺着一块N年前留下的Voodoo显卡呢！不少人看到当年自己省吃俭用买回来的显卡，心里难免还会唏嘘不已。从来只有新人笑，谁会听到旧人哭？现在，让我们穿过时空来一次回忆之旅，共同见证显卡发展初期的风风雨雨吧。

1995年，对于显卡来说，绝对是里程碑的一年，3D图形加速卡正式走入玩家的视野。那个时候游戏刚刚步入3D时代，大量3D游戏的出现，也迫使显卡发展到真正的3D加速卡。而这一年也成就了一家公司，不用说大家也知道，没错，就是3dfx。

Voodoo ⧐

1995年，3dfx还是一家小公司，不过作为一家老资格的3D技术公司，它推出了业界的第一块真正意义上的3D图形加速卡：Voodoo。在当时最为流行的游戏《摩托英豪》里，Voodoo在速度以及色彩方面的表现都让喜欢游戏的用户为之疯狂，不少游戏狂热者都有过拿一千多块钱到电脑城买上一块杂牌的Voodoo显卡的经历。3dfx的专利技术Glide引擎接口一度称霸了整个3D世界，直至D3D和OpenGL的出现才改变了这种局面。Voodoo标配为4Mb EDO显存，能够提供在640×480分辨率下3D显示速度和最华丽的画面，当然，Voodoo也有硬伤，它只是一块具有3D加速功能的子卡，使用时需搭配一块具有2D功能的显卡，相信不少老资格的玩家都还记得S3 765+Voodoo这个为人津津乐道的黄金组合。

此后，为了修复Voodoo没有2D显示这个硬伤，3dfx继而推出了VoodooRush，在其中加入了Z-Buffer技术，可惜相对于Voodoo，VoodooRush的3D性能却没有任何提升，更可怕的是带来不少兼容性问题，而且价格居高不下的因素也制约了VoodooRush显卡的推广。

RIVA128 △

当然，当时的3D图形加速卡市场也不是3dfx一手遮天，高高在上的价格给其他厂商留下了不少生存空间，像堪称当时性价比之王的Trident 9750/9850，以及提供了Mpeg-2硬件解码技术的SIS6326，还有在显卡发展史上第一次出场的NVIDIA（英伟达）推出的RIVA128/128zx，都得到不少玩家的宠爱，这也促进了显卡技术的发展和市场的成熟。

1997年是3D显卡初露头角的一年，而1998年则是3D显卡如雨后春笋般涌现并激烈竞争的一年。1998年的3D游戏市场风起云涌，大量更加精美的3D游戏集体上市，从而让用户和厂商都期待出现更快更强的显卡。

在Voodoo带来的巨大荣誉和耀眼的光环下，3dfx以高屋建瓴之势推出了又一划时代的产品Voodoo2。Voodoo2自带8Mb/12Mb EDO显存，PCI接口，卡上有双芯片，可以做到单周期多纹理运算。当然，Voodoo2也有缺点，它的卡身很长，芯片发热量非常大，而且Voodoo2依然作为一块3D加速子卡，需要一块2D显卡的支持。也许不少用户还不知道，当今流行的SLI技术也是当时Voodoo2的一个新技术，Voodoo2第一次支持双显卡技术，让两块Voodoo2并联协同工作获得双倍的性能。

1998年虽然是Voodoo2大放异彩的一年，但其他厂商也有一些经典之作。RIVA TNT是NVIDIA推出的意在阻击Voodoo2的产品，它标配16Mb的大显存，完全支持AGP技术，首次支持32位色彩渲染，还有快于Voodoo2的D3D性能和低于Voodoo2的价格。

1999年，世纪末的显卡市场出现了百花齐放的局面，而且这一年也让市场摆脱了3dfx的一家独霸的局面，世纪末的这一年，显卡的辉煌留给了NVIDIA。

现在，很多人都很习惯地把TNT2与NVIDIA联系在一起，不少人就是因为TNT2才认识NVIDIA的。1999年，NVIDIA挟TNT之余威推出TNT2 Ultra、TNT2和TNT2 M64三个版本的芯片，后来又有PRO和VANTA两个版本。这种分类方式也促使后来各个生产厂家对同一芯片进行高、中、低端的划分，以满足不同消费层次的需要。TNT系列配备了8Mb到32Mb的显存，支持AGP2X/4X，支持32位渲染等众多技术。当然，NVIDIA能战胜Voodoo3，与3dfx公司推行的策略迫使许多厂商投奔NVIDIA也不无关系。显卡市场上出现了NVIDIA与3dfx两家争霸的局面。

NVIDIA TNT显卡 △

从1999年到2000年，NVIDIA终于爆发了。它在1999年底推出了一款革命性的显卡Geforce256，彻底打败了3dfx。代号为NV10的GeForce256支持立方体环境贴图（Cube Environment Mapping）、硬件光影转换（T&L），把原来由

CPU计算的数据直接交给显示芯片处理，大大解放了CPU，也提高了芯片的使用效率。GeForce256拥有四条图形纹理通道，单周期每条通道处理两个像素纹理，工作频率120MHz，全速可以达到480Mpixels/Sec，支持SDRAM和DDR RAM，使用DDR的产品能更好地发挥GeForce256的性能。其不足之处就在于采用了0.22纳米的工艺技术，发热量比较高。

NVIDIA GeForce ⚠

而在2000年，NVIDIA开发出了第五代的3D图形加速卡Geforce2，采用了0.18纳米的工艺技术，不仅大大降低了发热量，而且使得GeForce2的工作频率可以提高到200MHz。而面对不同的市场分级，它相继推出了低端的GF2 MX系列以及面向高端市场的GF2 Pro和GF GTS，主流产品是GeForce2 MX 200和GeForce2 MX 400，全线的产品线让NVIDIA当之无愧地成为显卡的霸主。

3dfx在被NVIDIA收购之前还推出了Voodoo4/5，Voodoo4 4500使用一个VSA-100芯片，Voodoo5 5500使用两个VSA-100芯片，而Voodoo5 6000使用四个VSA-100芯片，可惜由于各方面的原因，Voodoo4/5并不能让没落的3dfx有一丝丝起色，最终难逃被NVIDIA收购的命运。

现在作为NVIDIA主要竞争对手的ATI(后来被AMD收购)，也在2000年凭借T&L技术打开市场。在经历“曙光女神”的失败后，ATI也推出了自己的T&L芯片RADEON 256，RADEON也和NVIDIA一样具有高、低端的版本，完全硬件T&L，Dot3（一种凹凸贴图技术）和环境映射凹凸贴图，还有两条纹理流水线，可以同时处理三种纹理。但最出彩的是HYPER-Z技术（可以让游戏更加流畅），大大提高了RADEON显卡的3D速度，拉近了与GeForce2系列的距离，ATI的显卡也开始在市场占据主导地位。

7 USB，电脑接口的大一统

随着计算机硬件飞速发展，外围设备日益增多，键盘、鼠标、调制解调器、打印机、扫描仪早已为人所共知，数码相机、MP3随身听接踵而至，这么多的设备，如何接入个人计算机？USB就是基于这个目的产生的。USB是一个使计算机周边设备连接标准化、单一化的接口，其规格是由Intel（英特尔）、NEC（日本电气株式会社）、Compaq（康柏）、DEC（美国数字设备公司）、IBM（国际商业机器公司）、Microsoft（微软）、Northern Telecom（北方电信公司）联合制定的。它的出现结束了以前计算机接口种类繁多，互不相容的历史。

USB1.1标准接口传输速率为12Mb/s，但是一个USB设备最多只可以得到6Mb/s的传输频宽。因此若要外接光驱，至多能接六倍速光驱，无法再高。而若要即时播放MPEG-1的VCD影片，至少要1.5Mb/s的传输频宽，这点USB办得到，但是要完成数据量大四倍的MPEG-2的DVD影片播放，USB可能就很吃力了，若再加上AC-3音频数据，USB设备就很难实现即时播放了。一个USB接口理论上可以支持127个装置，但是目前还无法达到这个数字。其实，对于一台计算机，所接的周边外设很少有超过10个的，因此这个数字是足够我们使用的。USB还有一个显著优点，就是支持热插拔，也就是说在开机的情况下，你也可以安全地

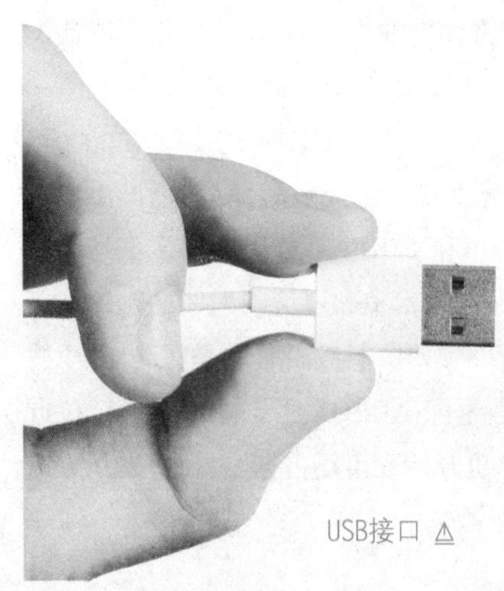
USB接口 △

连接或断开USB设备，达到真正的即插即用。不过，并非所有的Windows系统都支持USB。

目前USB设备虽已被广泛应用，比较普遍的是USB2.0接口，它的传输速度为480Mb/s。用户的需求，是促进科技发展的动力，厂商也同样认识到了这个瓶颈。这时， Compaq、Hewlett Packard（惠普）、Intel、Lucent（朗讯）、Microsoft、NEC和PHILIPS（飞利浦）这七家厂商联合制定了USB2.0接口标准。USB 2.0将设备之间的数据传输速度增加到了480Mb/s，比USB1.1标准快40倍左右，速度的提高对于用户的最大好处就是意味着用户可以使用到更高效的外部设备，而且具有多种速度的周边设备都可以被连接到USB2.0的线路上，还无须担心数据传输时发生瓶颈效应。所以，如果你用USB2.0的扫描仪，就完全不同了，扫一张4M的图片只需0.1秒钟左右的时间，一眨眼就过去了，效率大大提高。同时，USB2.0可以使用原来USB定义中同样规格的电缆，接头的规格也完全相同，在高速的前提下一样保持了USB1.1的优秀特色，并且，USB2.0的设备不会和USB1.X设备在共同使用的时候发生任何冲突。 USB2.0兼容USB1.1，也就是说USB1.1设备可以和USB2.0设备通用，但是这时USB2.0设备只能工作在全速状态下（12Mb/s）。USB2.0有高速、全速和低速三种工作速度，高速是480Mb/s，全速是12Mb/s，低速是1.5Mb/s。其中全速和低速是为兼容USB1.1和USB1.0而设计的，因此选购USB产品时不能只听商家宣传USB2.0，还要搞清楚是高速、全速还是低速设备。USB总线是一种单向总线，主控制器在PC机上，USB设备不能主动与PC机通信。为解决USB设备相互通信问题，有关厂商又开发了USB OTG标准，允许嵌入式系统通过USB接口互相通信，从而甩掉了PC机。

现在，USB3.0已经越来越普及，而无线USB等新技术也在酝酿之中。

电脑上的USB插口 ⊳

8 DVD，光学存储的新高峰

光存储的原理就是用激光在介质上烧出有规律的小坑，形成光盘轨道，类似“蚊香圈”结构。如果将光盘比作农田的话，阡陌交错，行列纵横，那么一个萝卜一个坑，萝卜代表1，在同一列中，萝卜与萝卜之间的地方代表0，一列萝卜叫沟，列与列之间的田埂叫岸。DVD所使用的激光波长比CD要短，前者是635/650nm，后者是780nm。波长缩短，在光盘上形成的光斑也随之缩小，密度增加，每张DVD的容量从CD盘的680M提高到了4.7G。

20世纪最后十几年时间里，曾经无比辉煌的CD技术非常圆满地承担了过渡任务。这项由SONY和PHILIPS联盟在1981年创造的光介质存储技术至今仍应用于包括音频、视频、数据等各个领域。但对于越来越庞大的“数字巨兽”来说，CD最多几百兆的身材着实显得单薄了些，CD脱离不了在抽屉里享受退休隐居生活的命运。

这次Pioneer（先锋）走在了时代的前沿。PC用CD-ROM开始成为流行产品标准被大众接受的时候，Pioneer在1994年9月推出一种尺寸同CD-ROM相同，容量却要大出8倍的光介质存储格式。接着，CD-ROM缔造者做出了迅速反应，3个月后SONY、PHILIPS联盟发表MMCD格式，其容量为每单面3GB。另一方面，早已投入研发新一代光存储介质多时的Toshiba（东芝）与Time Warner（时代华纳）阵营，亦于1995年1月发表SD规格。

或许有些人还记得磁记录时代的VHS与Beta之争，SONY方面显然觉得如此的争执并不能为自己带来多大的利益，于是双方于1995年9月在IBM的调停协商之下，达成规格统一协定，并于1995年9月组成DVD Consortium。1997年4月DVD Consortium更名为DVD联盟，其成员共十家，包括七家日本厂商：SONY、Matsushita（松下）、HITACHI（日立）、Toshiba、Pioneer、JVC、MITSUBISHI（三菱），两家欧洲厂商：THOMSON（汤姆逊，法国）、PHILIPS（荷兰）和一家美国厂商Time Warner。

在标准确认之初，新的大容量光介质存储格式被命名为Digital Video Disc。其主要应用是提供比LD（Laser Disc）更廉价，而容量全面超过CD-ROM的高质量视频存储解决方案。但随后的发展使得新格式的涵盖规模已超过当初设定的视频播映的范围，因此后来又有人提出了新的名称：Digital Versatile Disc，意即用途广泛的数字化储存光碟媒体，也就是目前我们所熟知的接替CD承担历史重任的下一代勇士——DVD。

DVD播放机 △

1997年，全世界第一批DVD播放机正式面世，超过500套碟片同时推出。

DVD-ROM ▷

1998年，全球第一批DVD-ROM以及驱动器正式在高端计算机上应用。

2002年，大量厂商推出各类家用、PC用DVD产品，DVD-ROM驱动器的价格几乎已经接近CD-ROM驱动器的价格。

虽然目前厂商们对DVD格式（尤其是可擦写的DVD）仍有很多分歧，但最终受惠的始终是用户。除了运行速度更快，一般普通的DVD可存放超过4.7GB资料；有些更可达17GB，是传统CD的近30倍。虽然尺寸上和前辈没有两样，但是技术进步所造成的差异是惊人的。

微软在1985年推出了第一版的Microsoft Windows，因功能不足而不受电脑用户欢迎。它原本称为Interface Manager(界面管理器)，但微软的市场主管Rowland Hanson认为Windows这个名字比较能吸引消费者。Windows 1.0并不是完整的操作系统，而是对MS-DOS的拓展，因此亦继承了后者的问题。而且伴随的应用程序功能太过薄弱，无法吸引企业用户。

1987年微软发布Windows 2.0，比起上一版本较受欢迎。主要原因是微软发布“运行时期版本”的Excel和Word，即是程序可于MS-DOS运行，然后自动启动Windows，退出程序时同时关闭Windows。

微软在1990年发布的Windows 3.0非常成功。除了改进应用程序的能力之外，利用虚拟内存，Windows容许MS-DOS软件有更好的多任务表现。加上个人电脑的图像处理能力改良（使用VGA图像卡）和使用保护模式的记忆模式，应用程序能比较容易运用更多的存储器，令个人电脑能和麦金塔一较高下。几个月后，多媒体版本的Windows发布，它包括第一个声卡/CD-ROM多媒体工具。Windows 3.0推出后两年内便卖出超过一千万套，成为微软重要的收入来源。

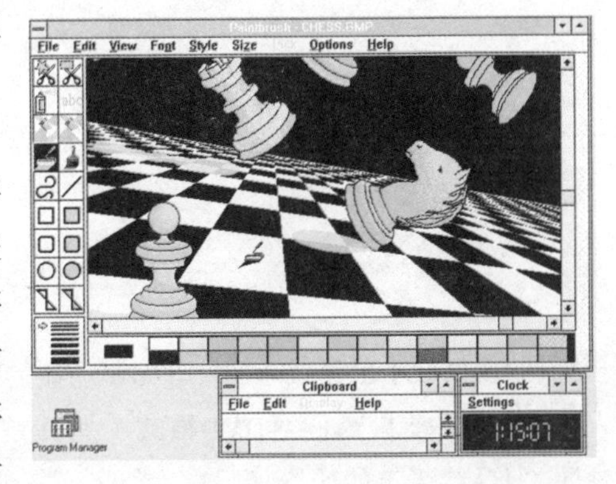

Windows 3.0中著名的PAINT组件 △

当 Windows NT在1993年7月27日发布时，Microsoft实现了一个重要的里程碑：完成了20世纪80年代后期开始的、从头构建新的高级操作系统这一项目。比尔•盖茨在发布时说道："Windows NT恰好代表着企业用于实现其业务计算要求的方式的根本改变。"

1995年8月24日，Microsoft发布了Windows 95，销售量在头五个星期内便达到了创纪录的700万份。这是Microsoft宣传得最为成功的一次发布活动。电视广告中，"滚石"乐队在新的"开始"按钮图像上唱着《Start Me Up》。新闻稿的开头言简意赅："它来了。"

这是传真/调制解调器、电子邮件、崭新的网络世界以及炫目的多媒体游戏和教育软件的时代。Windows 95具有内置Internet支持、拨号联网和新的即插即用功能。这一32位操作系统还提供增强的多媒体功能、更强大的移动计算功能以及集成网络功能。

在Windows 95发布之时，全世界大约80%的电脑上运行的是以前的Windows和 MS-DOS 操作系统。Windows 95是针对这些操作系统的升级。若要运行Windows 95，用户需要具有 386DX或更高版本处理器（推荐使用486）和至少4Mb RAM（推荐使用8Mb RAM）的电脑。升级版本以软盘和CD-ROM格式提供。它具有12种语言版本。

Windows 95中首次出现了"开始"菜单、任务栏以及每个窗口上的最小化、最大化和关闭按钮。

Windows 98是Windows 95的一个规模较小的升级版，它包括新的硬件驱动程序和FAT32文件系统，前者支持大于2G的硬盘。Windows 98亦把Internet Explorer集成至Windows接口和Windows文件管理员中。

1999 年，微软发布Windows 98 Second Edition，主要新增功能为因特网连接共享，允许多台电脑共用一个互联网连接， 此外还修正了不少问题，所以被认为是基于Windows 9x核心中最稳定的版本。

Windows8瓷贴界面 △

此后的21世纪，微软凭借之后的Windows版本，成为世界上最成功的IT公司，也为新世纪打开了一扇通向未来的窗口。

10 比公文包还大的笔记本

1982年11月，Compaq（康柏）推出第一台IBM兼容手提计算机，重约12.7千克，采用4.77MHz的Intel8088处理器，128k RAM，一个320k的软盘驱动器，一个9英寸（22.86厘米）的黑白显示器。这样的庞然大物称为笔记本，简直是在侮辱公文包的智慧。

第一台IBM兼容手提计算机 △

1985年，东芝推出第一台商用笔记本电脑T1000，它是一台使用8086为CPU的笔记本。

1992年，386笔记本开始进入市场。

1993年，486SX和486DX笔记本进入市场。之后有486DX2，主频高达50MHz；之后再有486DX4，最高主频曾经达到过75MHz。

1995年，ThinkPad的701C推出，这是一款只有约1.8千克重的笔记本，采用可伸展的TrackWrite键盘，内置了一个14.4kbps的MODEM，486DX2-50MHz的CPU，8M的RAM，540M硬盘。

1995年，ThinkPad760问世，首次采用12.1寸SVGA显示屏，一个Pentium 90MHz处理器，打开显示屏时键盘会自动向上倾斜一个角度，1.2G硬盘和16M的RAM和一个当时最先进的四倍速CD-ROM。

1996年，SVGA取代VGA显示屏被大量采用，同时已经开始有XGA的显示屏出现。同年，Intel正式开始笔记本专用CPU的研制，所有75MHz以上的Pentium CPU都采用了Intel的SL技术，它允许CPU在不被使用时关掉CPU时钟，并在可能的情况下允许CPU的某些部分完全关掉，从而减少对电能的消耗。笔记本CPU就是在这个时候采用了0.35微米制造工艺生产，电压也因为VRT技术而降到3.3伏，也是从这时开始，笔记本的CPU才真正地与台式机CPU划清了界限。

1997年，Intel发布代码为P55C的MMX笔记本CPU，这是采用MMO封装技术的CPU，集成了部分芯片集和L2高速缓存，使笔记本上播放VCD效果真正流畅起来，多媒体性能也得到迅速的提高。下半年，Intel发布了代号为Tillamook的CPU，它首次采用0.25微米技术工艺制造，内部运行电压为1.8伏，外部运行电压为2.5伏，大幅度延长了电池使用时间，并且首次内置了512k L2缓存。13.3寸的显示屏也正式开始装备笔记本，XGA的显示屏成为高档机型的主流。

1998年，代号为Deschutes的PⅡ CPU正式装备笔记本，从233MHz起跳，年底推出的300MHz版，更开启了笔记本中支持AGP接口的历史。ThinkPad成为业界首部装备14.1寸XGA显示屏的机型，并且装备了当时最高容量的8.1G硬盘。ThinkPad 600系列正式推出。

Thinkpad 600E △

1999年，IBM推出14.1G的4900转笔记本硬盘。14.1寸显示屏成为高档笔记本的主流，而NeoMagic的MagicMedia 265AV显卡则成为当时显示系统的老大。ACPI和APM电源管理规范正式装备在笔记本上。Intel正式发布0.18微米技术生产的PⅡ400 CPU，集成了2700万个晶体管，256k二级全速缓存，核心电压只有1.5伏，采用MicroPGA或BGA封装方式。

笔记本电脑经过十多年的高速发展，以崭新的姿态迎接着新世纪的到来。

11 昨天的未来科技：液晶显示器

液晶显示器，或称LCD，为平面超薄显示设备，它由一定数量的彩色或黑白像素组成，放置于光源或者反射面前方。液晶显示器功耗很低，适用于使用电池的电子设备。它的主要原理是以电流刺激液晶分子产生点、线、面配合背部灯管构成画面。

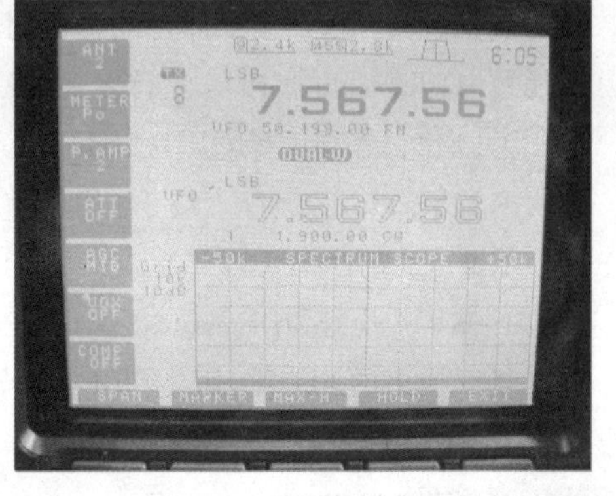

早期单色液晶显示器 △

早在19世纪末，奥地利植物学家就发现了液晶，即液态的晶体，也就是说一种物质同时具备了液体的流动性和类似晶体的某种排列特性。在电场的作用下，液晶分子的排列会发生变化，从而影响到它的光学性质，这种现象叫作电光效应。利用液晶的电光效应，英国科学家在20世纪制造了第一个液晶显示器，即LCD。今天的液晶显示器中广泛采用的是定线状液晶，如果我们从微观角度看它，会发现它特像棉花棒。

20世纪60年代起，人们发现给液晶充电会改变它的分子排列，继而造成光线的扭曲或折射。美国科学家经过反复测试，在1968年发明了液晶显示器件，随后LCD液晶显示屏就正式面世了。

从第一台LCD显示屏诞生以来，短短30年，液晶显示器技术得到了飞速的发展。

20世纪70年代初，日本开始生产TN-LCD，并推广应用；1970年12月，液晶的旋转向列场效应在瑞士被仙特和赫尔弗里希霍夫曼-勒罗克中央实验室注册为专利；1971年，美国詹姆士·福格森的公司（ILIXCO）生产了第一台基于液晶的旋转向列场效应这种特性的LCD；1973年，日本的声宝公司首次将它运用于制作电子计算器的数字显示屏。LCD是笔记本电脑和掌上计算机的主要显示设备，在投影机中，它也扮演着非常重要的角色，而且它开始逐渐渗入到桌面显示器市场中。大约1971年，液晶显示设备就在人类的生活中出现。尽管当时还只是单色显示，但在某些领域已开始加以应用（例如医学仪器等）。

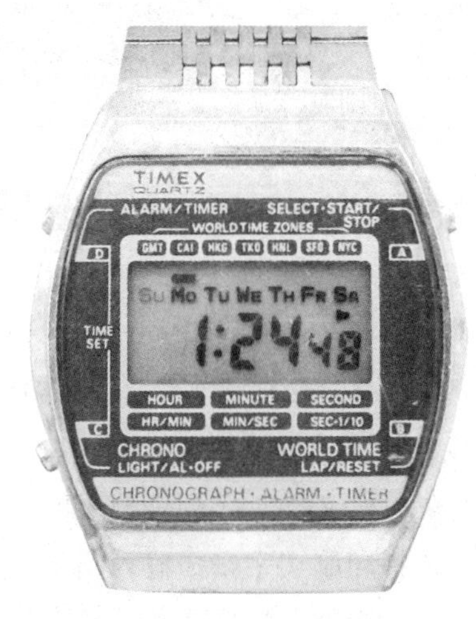

手表上的LCD屏 △

80年代初，TN-LCD产品在计算器上得到广泛应用，并开始被应用到电脑产品上；1984年，欧美国家提出TFT-LCD（薄膜式电晶体）和STN-LCD（超扭曲阵列）显示技术，但技术和制作流程仍不够成熟。在1985年之后，这一发现才产生了商业价值。从80年代末起，日本掌握了STN-LCD的大规模生产技术，使LCD产业获得飞速发展，这算得上是LCD将要普及的信号。

1993年，液晶显示器开始向两个方向发展：一个方向是朝着价格低、成本低的STN-LCD显示器方向发展，随后又推出了DSTN-LCD(双层超扭曲阵列)；而另一个方向却朝高质量的薄膜式电晶体TFT-LCD发展。日本在1997年开发了一批以550mm × 670mm为代表的大基板尺寸第三代TFT-LCD生产线，并使1998年大尺寸的LCD显示屏的价格比1997年下降了一半。1996年以后，韩国和中国台湾都投巨资建第三代的TFT-LCD生产线，准备在1999年以后与日本竞争。中国内地从80年代初就引进了TN-LCD生产线，我国目前是世界上最大的TN-LCD生产国。

12 电脑也会读书看报：扫描仪

扫描仪是19世纪80年代中期才出现的光机电一体化产品，它由扫描头、控制电路和机械部件组成。采取逐行扫描，得到的数字信号以点阵的形式保存，再使用文件编辑软件将它编辑成标准格式的文本储存在磁盘上。扫描仪的应用范围很广泛，例如将美术图形和照片扫描结合到文件中；将印刷文字扫描输入到文字处理软件中，避免再重新打字；将传真文件扫描输入到数据库软件或文字处理软件中储存；以及在多媒体中加入影像，等等。

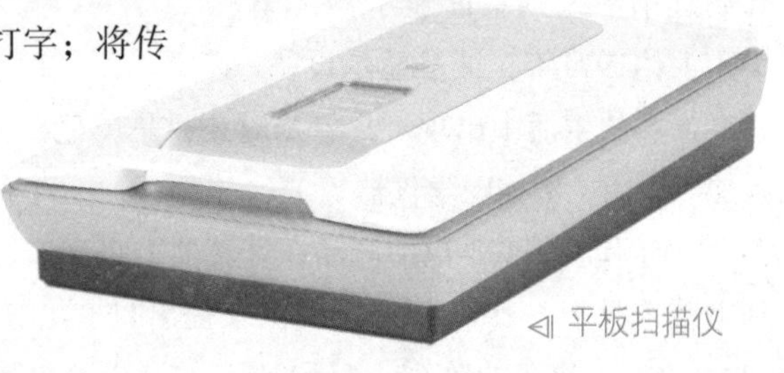

◁ 平板扫描仪

作为一种光机电一体化的电脑外设产品，扫描仪是继鼠标和键盘之后的第三大计算机输入设备，它可将影像转换为计算机可以显示、编辑、储存和输出的数字格式，是功能很强的一种输入设备。

扫描仪的基本原理是通过传动装置驱动扫描组件，将各类文档、相片、幻灯片、底片等稿件经过一系列的光、电转换，最终形成计算机能识别的数字信号，再由控制扫描仪操作的扫描软件读出这些数据，并重新组成数字化的图像文件，供计算机存储、显示、修改、完善，以满足人们各种形式的需要。

目前，扫描仪作为计算机的重要外部设备，已被广泛应用于报纸、书刊、出版印刷、广告设计、工程技术、金融业务等领域之中。它以独到的功能，不仅能迅速实现大量的文字录入、计算机辅助设计、文档制作、图文数据库管理，而且能逼真、实时地录入各种图像，特别是在网络和多媒体技术迅速发展的今天，扫描仪更能有效地应用于传真（配Fax/Modem卡）、复印（配打印机）、电子邮件等工作。依靠其他软件的支持，扫描仪还能够用于制作电子相册、请柬、挂历等许多个性鲜明和充满乐趣的作品。通过扫描仪，计算机实现了“定量”分析与处理“五彩缤纷”世界的愿望，所以在数码相机普及之前，有人将扫描仪誉为计算机的“眼睛”也就是顺理成章的事了。

扫描仪的性能指标主要有分辨率、灰度级和色彩数，另外，还有扫描速度、扫描幅面等。

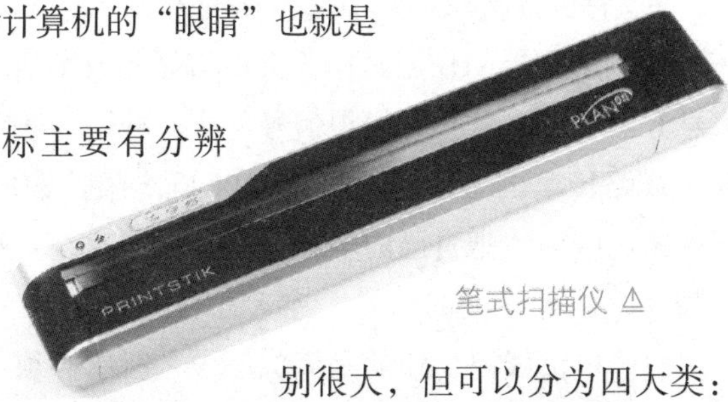

笔式扫描仪

扫描仪的外形差别很大，但可以分为四大类：笔式、手持式、平台式、滚筒式。根据功能和结构又可细分为馈纸式、鼓式，大幅面扫描仪、底片扫描仪、条码扫描仪、实物扫描仪、3D扫描仪，等等。它们的尺寸、精度、价格不同，用在不同的场合精度也就是分辨率，可以从每英寸几百点到几千点。笔式和手持式精度不太高，但携带方便，一般用于个人台式机和笔记本电脑。平台式扫描仪，又叫平板式扫描仪，精度居于中间，可用于办公和桌面出版。精度最高的要算是滚筒式扫描仪了，它一般用于专业印刷领域。从处理信息后输出的颜色上分，扫描仪又可以分为黑白（灰阶）和彩色两种。彩色扫描仪输入和输出的信息较多，价格在不断降低，现在越来越普及了。

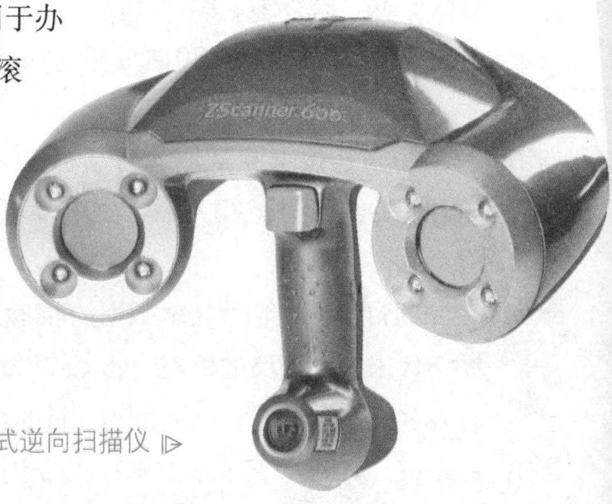

手持式逆向扫描仪

13 互联网的"硬猫""软猫"时代

modem，其实是modulator（调制器）与demodulator（解调器）的简称，中文称为调制解调器。根据modem的谐音，大家亲昵地称之为"猫"。

调制解调器的作用是担任模拟信号和数字信号的"翻译员"。电子信号分两种，一种是"模拟信号"，一种是"数字信号"。我们使用的电话线路传输的是模拟信号，而PC机之间传输的是数字信号。所以当你想通过电话线把自己的电脑连入互联网时，就必须使用调制解调器来"翻译"两种不同的信号。连入互联网后，当PC机向互联网发送信息时，由于电话线路传输的是模拟信号，所以必须要用调制解调器来把数字信号"翻译"成模拟信号，才能传送到互联网上，这个过程叫作"调制"。当PC机从互联网获取信息时，由于通过电话线从互联网传来的信息都是模拟信号，所以PC机想要看懂它们，还必须借助调制解调器这个"翻译"，这个过程叫做"解调"。合在一起，就称为"调制解调"。

外置调制解调器 △

modem起初是为20世纪50年代的半自动地面防空警备系统（SAGE）研制，用来连接不同基地的终端、雷达站和指令控制中心到美国和加拿大的SAGE指挥中心。

通过普通电话线传输数据的modem从诞生之初的300b/s发展到20世纪90年代末模拟线路的极限56kb/s，速度提高了一百多倍。随着个人电脑的普及和互联网技术的飞速发展，除传统的电话线modem外，ISDN、Cable modem、ADSL等接入新技术和产品也发展得非常迅速。

传统的电话线modem作为连接PC机和网络的主要设备，对互联网早期的普及和发展起到了极其重要的作用。随着网络的加速发展，modem不但在产量上呈几何级数膨胀，而且在传输速率上有了极大的提高，性能上也日趋完善。

56kb/s的modem在90年代中期便有产品出现，但一直未能得到大的发展，除价格因素外，56kb/s标准一直分为以U.S. Robotics为代表的X2技术和以Rockwell为代表的K56Flex技术，两种标准争执不休，长期未能统一，严重影响整体发展。

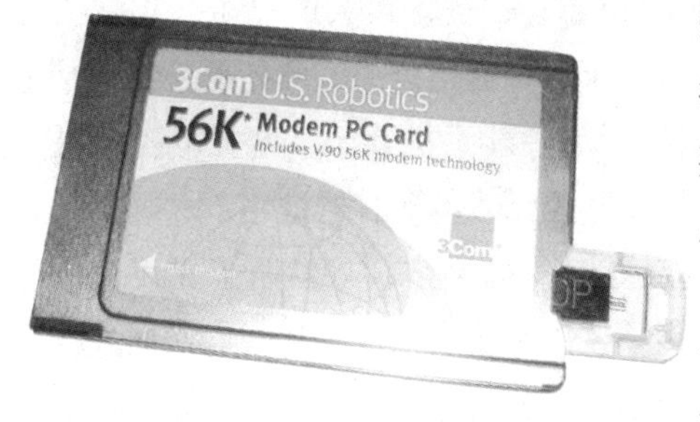

笔记本电脑用pcmcia接口调制解调器 △

1998年年初，朗讯科技公司和3Com公司就56kb/s modem标准达成合作协议，促使国际电信联盟(ITU)于1998年2月6日在日内瓦会议上确定了56kb/s V.90标准的草案，并于1999年9月确定56kb/s标准的最后版本。新标准将X2和K56Flex两者之间的差别通过软件技术统一起来，为各大厂家推出统一标准的56kb/s产品扫清了障碍。V.90标准的确定使56kb/s modem迅速成为市场主流，价格也大大降低。

那么什么是"软猫"和"硬猫"呢？modem在核心结构上主要由处理器和数据泵组成。处理器负责modem的指令控制，数据泵负责modem的底层算法。如果modem的处理器和数据泵全部在卡上实现，这种modem卡便是通常所说的"硬猫"。

"软猫"只是利用电脑CPU强大的运算能力，用软件来接替原来modem控制模块的功能。这样做的首要目的是省掉modem的控制芯片及相关电路，从而降低制造成本；另一个目的是更高效地利用系统资源。由于减少了modem卡上的电子元件，"软猫"还节约能源和减少发热量。当然，modem本身的信号处理模块是无法用软件代替的。

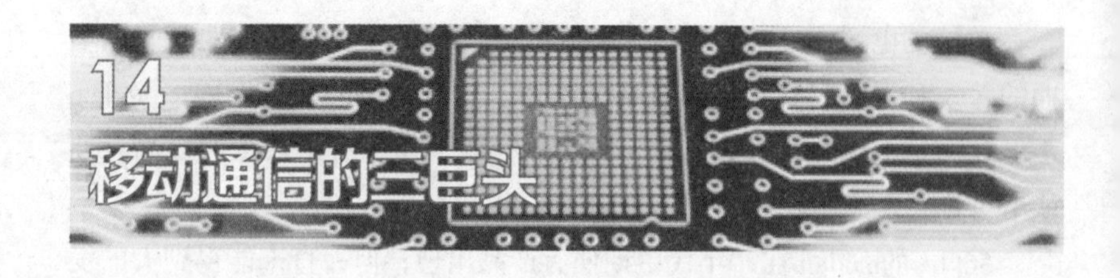

14 移动通信的三巨头

摩托罗拉是全球通信行业的领导者，美国最大的电子公司之一，1928年成立于美国芝加哥。作为一家老牌通信巨头，摩托罗拉在通信业的地位毋庸置疑，从摩托罗拉发明第一款手机开始，摩托罗拉见证了迄今为止的整个手机发展史，摩托罗拉无线电应答器被用于“阿波罗11号”宇宙飞船。摩托罗拉一直引导时代的进步，从发明了无线电应答器，到全球第一款商用手机，第一款GSM数字手机，第一款双向式寻呼机，第一款智能手机，全球第一个无线路由器，以及著名的“铱星计划”等。

诺基亚的历史始于1865年。1865年，采矿工程师弗雷德里克·艾德斯坦在芬兰坦佩雷镇的一条河边建立了一家木浆工厂，工厂位于芬兰和俄罗斯的交界处，并以当地的树木作为原材料生产木浆和纸板。1982年，诺基亚（当时叫Mobira）生产了第一台北欧移动电话网移动电话Senator。随后开发的Talkman，是当时最先进的产品，该产品在北欧移动电话网市场中一炮打响。

爱立信公司1876年成立于瑞典的斯德哥尔摩。从早期生产电话机、电话交换机发展到今天，爱立信的业务已遍布全球一百四十多个国家，是全球领先的提供端到端全面通信解决方案以及专业服务的供应商。爱立信的业务体系包括：通信网络系统，专业电信服务，技术授权，企业系统和移动终端业。

在GSM时代，摩托罗拉、诺基亚、爱立信三巨头主导市场发展。第二代移动通信技术兴起时，手机仍然是电信网络的重要组成部分，属于电信的终端设备，而不是电子消费品。技术的门槛比较高，能够掌握移动通信技术的企业还不够多。因此在网络设备领域占有技术优势的爱立信、摩托罗拉、诺基亚成就了各自的辉煌，三巨头你追我赶，各领风骚，鼎盛时期三巨头合计占有市场60%以上的份额。

三巨头在其辉煌时期，为市场和全球手机用户奉献了许多至今仍被众多“粉丝”津津乐道的经典机型。比如索尼-爱立信经典机型有T28、T39、T68、T618、K700、S700等，摩托罗拉经典机型有V998、V8088、V70、V3、A1200等，诺基亚经典机型有N6150、N7110、N7650、N8850、N3650、N6108、N7610等。不少机型创造了惊人的销量，例如摩托罗拉V3就曾创造了单款销量1.5亿部的纪录，至今仍无超越者。

△ T28

20世纪90年代之前，在电子行业摩托罗拉已经占据了半个多世纪的霸主地位，当GSM技术风靡全球时，摩托罗拉对于GSM标准不屑一顾，丧失了发展良机，但很快凭借自身深厚的技术积累和品牌知名度迎头赶上，并在21世纪到来之前，坐上移动通信市场的王座。

20世纪90年代中期，诺基亚拆分了传统产业，由于专注于传统功能手机产业的研发，诺基亚功能手机在当时具有极佳的用户品牌效应。1995年，诺基亚开始了它的辉煌时期，连续15年占据手机市场份额第一的位置。

V70 ▷

与此同时，索尼-爱立信也曾保持了连续10年35%以上的增长速度。

这三家企业是20世纪末当之无愧的电信三巨头。

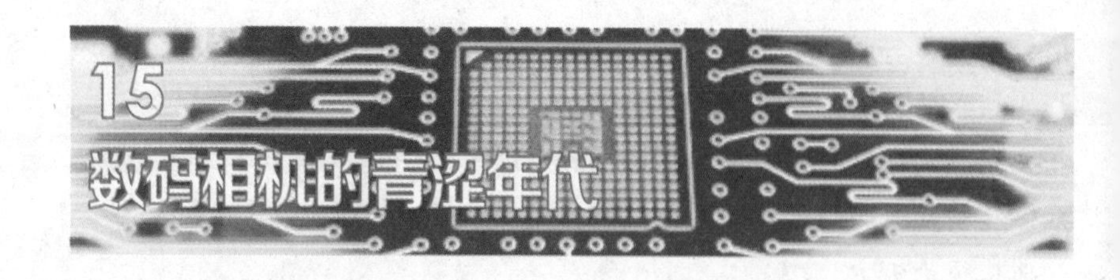

15 数码相机的青涩年代

1990年，柯达推出了DCS100电子相机，首次在世界上确立了数码相机的一般模式，从此之后，这一模式成为业内标准。对于专业摄影师们来说，如果一台新机器有着他们熟悉的机身和操控模式，上手无疑会变得更加简单。为了迎合这一消费心理，柯达公司把DCS100应用在了当时名气颇大的尼康F3机身上，内部功能除了对焦屏和卷片马达做了较大改动，所有功能均与F3一般无二，并且兼容大多数尼康镜头。

到了1994年，数码影像技术已经以一日千里的速度获得了空前发展。柯达公司是数码相机研发和推广的先驱者。在这一年柯达推出了全球第一款商用数码相机DC40。相比之前各大公司研发的各类数码相机试制品，柯达 DC40能够以较小的体积，较为便捷的操作以及较为合理的售价被一部分消费者接受。这成为数码相机历史上一个非常重要的标志。

1995年2月，卡西欧公司发布了当时给全球数码相机领域造成轰动的一款数码相机QV-10。这款相机具有25万像素，分辨率为320×240像素，无内置闪光灯。这样的配置在当时已经是非常主流的了，然而其售价却在当时刷新了历史新低，仅以6.5万日元上市。1995年，佳能EOS DCS3C问世，同年还推出EOS DCS1C，翻开佳能单反数码相机的崭新一页。

QV-10 △

作为数码相机的先锋代表厂商，柯达公司自然是大力支持相机数码化发展的。柯达董事会于1995年做出了全面发展数码科学的决策性决定，并且于1996年与尼康联合推出DCS-460和DCS-620X型数码相机，与佳能合作推出DCS-420数码相机(专业级)，这几款数码相机采用了600万像素图像传感器，是当时最高端的数码相机，同样也使得柯达成为当时数码相机领域中的巨头。

1997年9月，索尼公司发布了MVC FD7数码相机，这是世界上第一款使用常规3.5英寸软盘作为存储介质的数码相机。索尼也由此开始大力进军数码相机业。

1997年，奥林巴斯这个老牌光学厂商率先推出了“超百万”像素的CA-MEDIAC-1400L型单反数码相机，引起了行业内的巨大轰动。因此在1997年的美国PMA国际摄影器材博览会上，数码相机作为新鲜事物，大量出现在这个原本以传统摄影器材为主的展会上，给传统的摄影器材市场带来了较大的冲击。

1998年，佳能推出了当时像素最高的一款数码相机PowerShot Pro70，成为当时业内的代表作。这款相机具有2.5倍光学变焦和2倍数码变焦，TTL自动调焦功能、自动曝光，具有2英寸彩色TPY液晶屏，还可以进行每秒4帧最长5秒的动态影像拍摄。这款相机不仅是当时，到了现在看来，都是非常经典且具有历史意义的一款机型。

到了1999年，数码相机再度在像素上有所突破，全面跨入200万像素之年。1999年3月，奥林巴斯发布C-2500L数码相机，这是全球第一款配备了250万像素CCD的数码相机。

C-2500 △

1999年在单反数码相机领域，尼康发布了首款自行研制的单反数码相机D1，这款相机的问世让消费者对于单反数码相机有了全新的认识，也引发了最早的单反数码相机竞争。

闪存卡是利用闪存技术达到存储电子信息目的的存储器，一般应用在数码相机、掌上电脑、MP3等小型数码产品中作为存储介质，所以样子小巧，犹如一张卡片，也被称为闪存卡。根据不同的生产厂商和不同的

▷ SD卡

应用，闪存卡大概有Smart Media（SM卡）、Compact Flash（CF卡、Multi Media Card（MMC卡）、Secure Digital（SD卡）、Memory Stick（记忆棒）、XD-Picture Card（XD卡）和微硬盘。这些闪存卡虽然由于各自厂商不同的技术要求和商业目的，外观、规格不同，但是技术原理都是相同的。

SD卡是一种基于半导体快闪记忆器的新一代记忆设备。SD卡由日本松下、东芝及美国SanDisk（闪迪）公司于1999年8月共同开发研制。大小犹如一张邮票的SD记忆卡，重量只有2克，但却拥有高记忆容量、快速数据传输率、极大的移动灵活性以及很好的安全性。

SD卡在24毫米×32毫米×2.1毫米的体积内结合了SanDisk快闪记忆卡控制与MLC技术和东芝0.16u及0.13u的NAND技术，通过9针的接口界面与专门的驱动器相连接，不需要额外的电源来保持其上记忆的信息。而且它是一体化固体介质，没有任何移动部分，所以不用担心机械运动的损坏。SD卡以及与其兼容的TF卡、microSD卡现在已经成为最主流的闪存卡。

CF卡是1994年由SanDisk最先推出的。CF卡具有PCMCIA-ATA功能，并与之兼容。CF卡重量只有14克，仅纸板火柴般大小（43毫米×36毫米×3.3毫米），是一种固态产品，也就是工作时没有运动部件。CF卡采用闪存技术，是一种稳定的存储解决方案，不需要电池来维持其中存储的数据。对所保存的数据来说，CF卡比传统的磁盘驱动器安全性和保护性都更高；比传统的磁盘驱动器及Ⅲ型PC卡的可靠性高5~10倍，而且CF卡的用电量仅为小型磁盘驱动器的5%。这些优异的条件使得大多数数码相机选择CF卡作为其首选存储介质。

MMC卡由西门子公司和首推CF卡的SanDisk于1997年推出。1998年1月，14家公司联合成立了MMC协会（Multi Media Card Association，简称MMCA），现在已经有超过84个成员。

SM卡是由东芝公司在1995年11月发布的Flash Memory存贮卡，三星公司在1996年购买了生产和销售许可，这两家公司成为主要的SM卡厂商。SM卡也是市场上常见的微存贮卡，一度在MP3播放器上非常流行。

各种存储卡 △

Memory Stick记忆棒是索尼公司开发研制的，尺寸为50毫米×21.5毫米×2.8毫米，重4克，采用精致醒目的蓝色外壳（新的MG为白色），并具有写保护开关。和很多Flash Memory存储卡不同，Memory Stick规范是非公开的，没有什么标准化组织。采用了索尼自己的外形、协议、物理格式和版权保护技术，要使用它的规范就必须和索尼谈判签订许可。

XD卡是由富士和奥林巴斯联合推出的专为数码相机配备的小型存储卡，采用单面18针接口，是目前体积最小的存储卡。

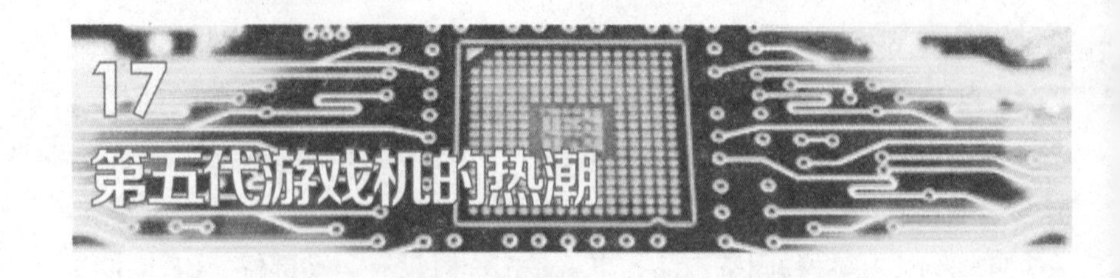

17 第五代游戏机的热潮

在任天堂公司计划面市超级任天堂之前的1988年底，突然间“半路杀出个程咬金”，一种活动式电脑板——世嘉五代电视游戏机问世了，这几乎一下子打乱了任天堂的计划。生产世嘉电视游戏机的世嘉公司，是日本著名的大型游戏机厂商，它创建于1954年，1964年就开始研制营业用的大型游艺机，次年在日本各地开办了许多娱乐场所。

世嘉电视游戏机商品名为MEGA DRIVE，意为“兆位驱动”，即游戏节目容量都在兆位以上。它采用了两个中央处理器，一个是MC68000，另一个是Z80A，专门用来处理音响效果，所以它除了能发出与任天堂一样的PSG音源外，还有六路FM音源和一路PCM音源，音响效果十分逼真。

△ 世嘉电视游戏机

世嘉五代游戏机的节目也极为丰富，由于世嘉公司在游戏设计制作方面力量十分强大，推出的新游戏几乎个个优秀，深受欢迎。代表作有《战斧》、《兽王记》、《忍》、《世界末日》、《第一滴血Ⅲ》、《闪电出击》、《究极虎》，等等。

值得一提的是，世嘉电视游戏机还可以安装成大型电子游戏机，方法是将机身后信号线与大型游戏机操纵台相应的开关相连。这样就可在大型游戏机上操纵世嘉机的节目。

面对世嘉公司强有力的挑战，任天堂公司不得不认真招架，他们推迟了“超级任天堂”的推出计划。

而另一个竞争者NEC公司却又出新招，1989年11月，他们推出PC-ENGINE第二代产品，即SUPER GRAFX，简称SG。该机装有一种新型的高速图像芯片，能产生极高质量的图像。同时，为了迎合低收入玩家的需要，他们设计了一种不加激光唱盘存储器(CD-ROM)的廉价机PC-SHUTTLE。

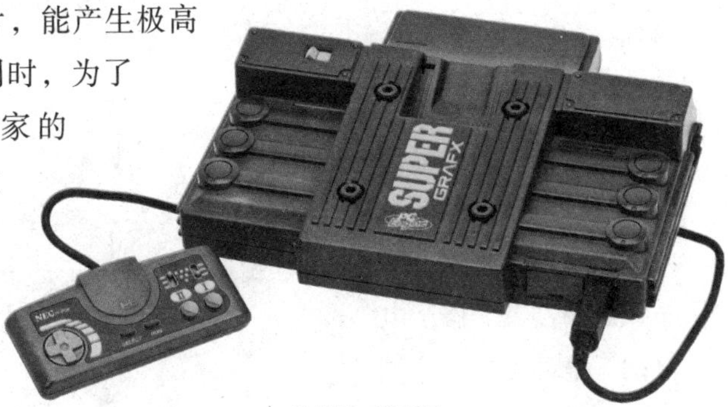

△ SUPER GRAFX

世嘉公司也决不示弱，他们加强了软件的服务，1990年11月推出了与世嘉电视游戏机配套使用的通信驳器(MONEM)，有了它以后，就可以通过电话线实现游戏机联网。1990年底，世嘉公司在日本几个中心城市开设了世界首创的电子游戏通信服务站，用户通过电话通信网即可向中心站租用游戏节目。这样人们买了世嘉游戏机不用买卡就可以玩各种游戏，而且费用很低，这无形之中大大拓宽了世嘉游戏机的市场。

而任天堂公司于1990年底终于推出了传闻已久的超级任天堂SUPER FAMICOM，简称SF，性能十分出色，某些性能甚至超过了世嘉游戏机。虽然错过了一段与对手竞争的宝贵时间，但代理该机销售的美国西门子公司大做广告，终于为该机打开了市场，随后《超级玛丽Ⅵ》、《街头霸王Ⅱ》等优秀节目推出，使超级任天堂逐渐开始走俏。

下一步，世嘉公司和任天堂公司正设法挤入个人计算机的行列，并开始研制更新一代电视游戏机系统。这种新型的多媒体系统将把你带入更加奇妙的世界，整个娱乐行业将发生一次革命，游戏机将不再是一种玩具，而成为一种新型的综合文艺形式。人们期待着这一天。

18 随身听的黄金时代

△ Walkman

随身听即携带型袖珍播放机，是指体积小、重量轻、便于随身携带进行声音收、录、放的器具，属于电子产品的一个种类。这个词最初出自日本索尼公司的一个品牌Walkman。

早期的随身听如索尼的、爱华的JX505等JX系列、松下的等，后来的CD、MD、MP3、MP4、CMMB数字移动电视等，携带方便、袖珍、用耳机播放声音是其共同特点。

随身听最初只有收音、磁带播放或录音功能，由于体积很小，携带时挎于腰部，多为年轻人使用。随着电子技术的发展和进步，其体积变得越来越小，演变的品种很多，包括CD、MD、MP3、MP4等种类。

世界上第一款随身听是由索尼公司于1979年研发出来的Walkman便携磁带播放器，其面世标志着便携式音乐理念的诞生，而Walkman一词也从此成为便携式音乐播放器的代名词。

这里首先简单地介绍一下以磁带为播放介质的Walkman磁带播放器。自从飞利浦公司在1966年发布了第一盒录音磁带以来，作为一种音乐存储介质，它在市场上的普及程度已到了妇孺皆知的地步，而磁带的价格也是主流的四种随身听存储介质中最低的。磁带方便的录音功能和良好的防震性能更早已得到广泛认可。Walkman最大的缺陷是因为它采用的是模拟录音方式，依靠磁带上磁感颗粒的分布记录声音，因此它的音质几乎和现在的数码音质无法比较，而且在如此之长的一根“带”上要快速找到其中一首歌也相当困难。虽然目前有一些如杜比降噪等技术来弥补音质上的弊病，并且一些中档机型都采用了一种快速查找一首歌的开头和末尾的方法，实现了直接选择歌曲的功能，不过Walkman毕竟在众多数码随身听面前已到强弩之末了。

Discman是由索尼公司在1984年推出的，在此后的数年内，这款产品风靡了全球，不过由于Discman价格居高不下，并且CD碟片通常比普通的磁带贵上数倍，所以Discman进入国内主流市场大概也只有四五年左右。Discman可以算是高音质的代名词，它的音频范围已经超出了人耳听觉范围，是磁带所望尘莫及的！一些在Walkman上的“高级”功能如自动选曲、单曲重播、任选重播等，在Discman上只是基本功能而已。而Discman最大的不足之处，莫过于体积太过于庞大，携带相当不便。另外一点，就是随身听在移动时使用，激光头读取数据会产生停顿，目前虽然已经有不少的防震技术，不过还是会对音质或电池使用时间产生影响。

MD是MiniDisc的缩写，于1992年由索尼公司首次发布，是一种专为唱片出版业界设计的磁光碟存储媒体，其音质可接近于CD，目前在以日本为主的亚洲地区相当风靡。1993年，索尼又发表电脑存储资料用的MD Data Drive（和电脑上用的MO差不多了）。所谓迷你光碟，它存储音乐的物理介质是一张置于小型塑料壳内的160MB（数据模式下140MB）的小小碟片，大约能够存放74分钟的音乐，并且可以无数次重复抹写音乐数据。

△ 录放机

19 Walkman的终结者MP3

随身听市场在索尼Walkman称霸25年后，陆续受到MP3的侵蚀，也被苹果公司的iPod取代市场占有率第一的地位。

1998年，韩国世韩（SEAHAN）公司推出了世界上第一台MP3随身听，在此后的短短几年时间里，随着MP3音乐格式风靡全球网络，MP3随身听就在各大世界级的生产厂商的推崇下越来越趋于成熟，而且外形越来越“酷”，功能越来越多，不管是在国内还是在国外（除日本外，它们坚守着自己的MD阵营），越来越受到广大追求时尚的新潮一族的喜爱。MP3是为了压缩音乐而开发出来的一种数学算法，主要用于快速而有效地传播音频。随着因特网的迅猛发展，再加上Scour net、Napster和MP3等提供音乐下载的网络公司如雨后春笋般出现，MP3迅速成为上网台式电脑首选的音频格式。

MP3是如此的流行，人们梦想着能把它也用在便携的消费电子产品中。为此，需要找到一种存放音乐文件的存储媒介。Discman与MD的缺点，其实恰恰正是MP3机的优点。MP3机由于音乐是存储在固态的Flash闪存中，没有了机械传动部分，就不怕因为物理碰撞引起的振动，并且在外形设计上也没有了光碟尺寸的限制，可以随心所欲地设计出又小巧又靓丽的造型。另外，与MD相比，MP3机还有一个很大的优势在于其“录音”过程——只需把音乐文件从计算机上简单复制过来即可。换言之，录音时间比实际播放时间短得多，只需几分钟就能得到相当于一张CD容量的音乐，再加上MP3音乐的“片源”网上到处都是，这可是MD望尘莫及的。

不过，MP3机也有一个致命伤——音质太差。众所周知，MP3音乐格式是通过了高效的有损压缩的，音质与CD根本无法相比，即使与同样压缩过的MD相比，也是差了不少，这就是MP3音乐至今为真正的音乐爱好者所不齿的主要原因（特别是配上好的耳机后，两者音质的差距相当明显）。

实际上，MP3是一种在高保真前提下实现的高效压缩技术。它采用了特殊的数据压缩算法对原先的音频信号进行处理，使数码音频文件的大小仅为原来的十几分之一，而音乐的质量虽然有变化但是变化不大，比较接近于CD唱盘的质量。MP3是利用人耳对高频声音信号不敏感的特性，将时域波形信号转换成频域信号，并划分成多个频段，对不同的频段使用不同的压缩率，对高频信号加大压缩比（甚至忽略信号），对低频信号使用小压缩比，保证信号不失真。这样一来，就相当于抛弃人耳基本听不到的高频声音，只保留能听到的低频部分，从而将声音用1：10甚至1：12的压缩率压缩。

1分钟WAVE格式的文件有十几兆，而1分钟MP3格式的音频文件仅有1~2兆左右。MP3技术使在较小的存储空间内，存储大量的音频数据成为可能。拿我们常用的标准CD-ROM来说吧：一张CD唱盘存储的音乐与一盒卡带差不多，若用MP3格式来存储，则可存上百首乐曲。

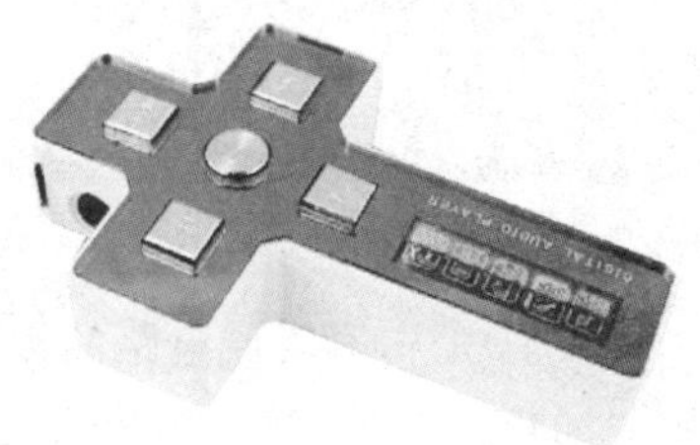

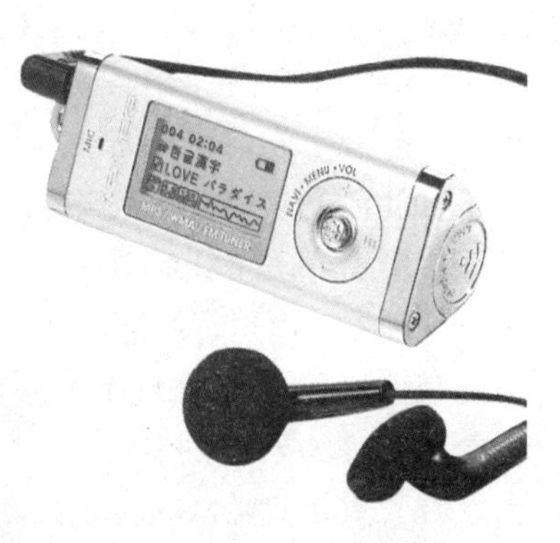

△ 各种mp3随身听

六　创意年代

21世纪初叶，数字技术已经攀登到一个令人难以置信的历史高峰，创意被认可为人类最宝贵的财富，与之前幼稚的人类打打杀杀的那些战功相比，每一个科学与技术上的胜利显得如此伟大，而这些靠的是我们在石器时代就完成进化的大脑中那种叫作创意的神奇力量。

1 一日千里的CPU

AMD是一家集成电路的设计和生产公司，成立于1969年，专为电脑、通信及电子消费类市场供应各种芯片产品，其中包括用于通信及网络设备的微处理器、闪存以及基于硅片技术的解决方案等。

AMD于1999年推出其第七代处理器K7（后来更名为Athlon），这个处理器摆脱了先前型号的缺点并终于拥有名副其实的FPU——事实上还优于Intel的FPU。Athlon是当时最快的x86处理器并拥有许多强项，包括高速FSB(用于第一代Alpha处理器中的EV6)与高性能表现。唯一的问题并非来自处理器，而是芯片组：AMD或Via型号都比不上Intel芯片组(像名噪一时的440BX)。K7采用SLOT A接口(与Intel的SLOT1竞争)，并拥有具备可变除数(1/2、2/5或1/3)的二级缓存。值得一提的是，AMD是第一家发布与销售1GHz主频处理器(Athlon)的厂商，比Intel的1GHz PentiumⅢ早了两天。

2000年Intel发布了Pentium 4处理器。用户使用基于Pentium 4处理器的个人电脑，可以创建专业品质的影片，透过互联网传递电视品质的影像，实时进行语音、影像通信，实时3D渲染，快速进行MP3编码解码运算，在连接互联网时运行多个多媒体软件。

Pentium 4处理器集成了4200万个晶体管，到了改进版的Pentium 4(Northwood)更是集成了5500万个晶体管，并且开始采用0.18微米进行制造，初始速度就达到了1.5GHz。

Pentium 4还提供了SSE2指令集，这套指令集增加了144个全新的指令。

2003年英特尔发布了Pentium M(mobile)处理器。以往虽然有移动版本的PentiumⅡ、PentiumⅢ，甚至是Pentium 4-M产品，但是这些产品仍然是基于台式电脑处理器的设计，再增加一些节能、管理的新特性而已。即便如此，PentiumⅢ-M和Pentium 4-M的能耗远高于专门为移动运算设计的CPU，例如全美达的处理器。

Pentium 4处理器 △

英特尔Pentium M处理器结合了855芯片组家族与Intel PRO/Wireless2100网络联机技术，成为英特尔Centrino(迅驰)移动运算技术的最重要组成部分。Pentium M处理器可提供高达1.60GHz的主频速度，并包含各种效能增强功能，如：最佳化电源的400MHz系统总线、微处理作业的融合和专门的堆栈管理器，这些工具可以快速执行指令集并节省电力。

2003年9月23日，全球第一款桌面系统 64bit 处理器Athlon 64（K8架构）终于在人们期待的目光中揭开了神秘面纱。AMD公司的Athlon 64 的诞生对于桌面处理器领域具有划时代的意义。

K8是兼容64位寻址的第一款x86处理器，此架构拥有诸如整合内存控制器等其他优势。AMD自此推出一长串K8架构处理器，比如Opteron(服务器版本)、Athlon64 FX(高阶)与Turion 64(针对移动PC)等。基本上它们的差异仅在内存控制器的管理、高速缓存与使用的内存类型上。

Athlon 64处理器 △

2 多核时代争霸

AMD是目前唯一可与Intel匹敌的CPU厂商。自从Athlon XP上市以来，AMD与Intel的技术差距逐渐缩小。而在2003年时AMD抢先于Intel发表了具有64位寻址的Athlon 64中央处理器，使得AMD的技术已经与Intel相当，甚至在某些方面已经领先于Intel。

Athlon 64 X2 △

2005年AMD追随Intel的脚步发布了拥有两个核心的中央处理器——Athlon 64 X2，该系列产品与Intel稍后推出的Core 2系列改良版双核心处理器，拉开了多核时代的两强争霸战。

AMD发布的Athlon 64 X2双核CPU性能领先于Intel，称霸高端市场，直到2006年7月。在这段时间AMD还挑起了著名的“真假双核”的争论。2004—2006年是AMD最辉煌的两年。

2005年Intel推出的双核心处理器有Pentium D和Pentium Extreme Edition，CPU进入多核时代，尽管Intel的双核心架构更像是一个双CPU平台。

酷睿2（英文名称为Core 2 Duo）是Intel在2006年推出的新一代基于Core微架构的产品体系统称，于2006年7月27日发布。酷睿2是一个跨平台的构架体系，涵盖服务器版、桌面版、移动版三大领域。

2010年6月，Intel再次发布革命性的处理器——第二代Core i3/i5/i7。第二代Core i3/i5/i7隶属于第二代智能酷睿家族，全部基于全新的Sandy Bridge微架构，相比第一代产品主要带来五点重要革新：

（1）采用全新32nm的Sandy Bridge微架构，具有更低功耗、更强性能。

（2）内置高性能GPU（核芯显卡）、视频编码，图形性能更强。

（3）睿频加速技术2.0，更智能、更高效能。

（4）引入全新环形架构，带来更高带宽与更低延迟。

（5）全新的AVX、AES指令集，加强浮点运算与加密解密运算。

Core i7 △

SNB是英特尔在2011年初发布的新一代处理器微架构，这一架构的最大意义莫过于重新定义了“整合平台”的概念，与处理器“无缝融合”的“核芯显卡”终结了“集成显卡”的时代。比较吸引人的一点是这次Intel不再是将CPU核心与GPU核心用“胶水”粘在一起，而是将两者真正做到了一个核心里，因此对于LGA1155平台的性能表现，大家也表现出充分的期待。这一代中，多核已经不是卖点，四核、六核、八核的产品都有出现。

2011年，AMD酝酿多年的APU与“推土机”发布，FX品牌的回归，但是APU产能不高、价格没下来。

2012年4月24日下午在北京天文馆，Intel正式发布了IVB处理器，该处理器将执行单元的数量翻一番，达到最多24个，自然会带来性能上的进一步跃进。CPU的制作采用3D晶体管技术，耗电量减少一半。

2013年的CPU大舞台上只有一款Haswell大放光彩。Intel的大杀器Haswell大约能够带来10%左右的性能提升，在FMA/AVX2指令集方面的提升空间将更大一些，另外，在核芯显卡性能方面也取得了一定的增长，最大能够支持4k分辨率。

未来的CPU大战也许还会随着AMD第三代压路机（Steamroller）核心产品的推出而拉开序幕。

3 内存的进化世代

SDRAM时代

自Intel Celeron系列以及AMD K6处理器以及相关的主板芯片组推出后，EDO DRAM内存性能再也无法满足需要了，内存技术必须彻底革新才能满足新一代CPU架构的需求，此时内存开始进入比较经典的SDRAM时代。

第一代SDRAM 内存为PC66规范，但很快由于Intel 和AMD的频率之争将CPU外频提升到了100MHz，所以PC66内存很快就被PC100内存取代。接着133MHz外频的PⅢ以及K7时代的来临，PC133规范也以相同的方式进一步提升SDRAM 的整体性能，带宽提高到1Gb/s以上。

在竞争中Intel为了盖过AMD，将Rambus DRAM内存看成是自己未来的撒手锏，Rambus DRAM内存相当出色，但生不逢时，因为成本过高无法获得大众拥戴，最终胎死腹中。

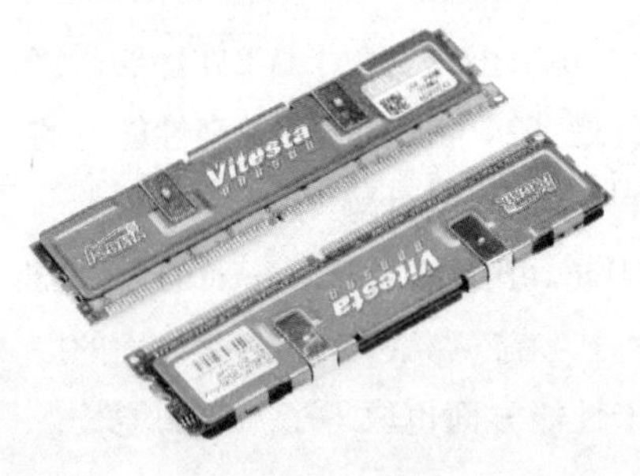

ADATA DDR内存条

DDR时代

DDR SDRAM(Double Data Rate SDRAM)简称DDR，也就是“双倍速率SDRAM”的意思。DDR可以说是SDRAM的升级版，DDR在时钟信号上升缘与下降缘各传输一次数据，这使得DDR的数据传输速度为传统SDRAM的两倍。由于仅多采用了下降缘信号，因此并不会造成能耗增加。而其定址与控制信号则与传统的SDRAM相同，仅在时钟上升缘传输。

DDR内存是作为一种在性能与成本之间折中的解决方案，其目的是迅速建立起牢固的市场空间，继而一步步在频率上高歌猛进，最终弥补内存带宽上的不足。

DDR2时代

随着CPU 性能的不断提高，我们对内存性能的要求也逐步升级。不可否认，仅仅依靠高频率提升带宽的DDR迟早会力不从心，因此JEDEC（电子器件工程联合委员会）很早就开始酝酿DDR2标准，加上LGA775接口的915/925以及最新的945等新平台开始对DDR2内存的支持，所以DDR2内存开始演义内存领域的今天。

DDR2 能够在100MHz 的发信频率基础上提供每插脚最少400Mb/s 的带宽，而且其接口运行于1.8伏电压上，从而进一步降低发热量，以便提高频率。此外，DDR2 融入了CAS、OCD、ODT 等新性能指标和中断指令，提升了内存带宽的利用率。从JEDEC组织者阐述的DDR2标准来看，针对PC等市场的DDR2内存将拥有400、533、667MHz等不同的时钟频率。高端的DDR2内存拥有800、1 000MHz两种频率。DDR内存采用200-、220-、240-针脚的FBGA封装形式。最初的DDR2内存采用0.13微米的生产工艺，内存颗粒的电压为1.8伏，容量密度为512MB。

DDR3时代

DDR3与DDR2相比有更低的工作电压，从DDR2的1.8伏降到1.5伏，性能更好更为省电；DDR2的4bit预读升级为8bit预读。目前最为快速的DDR2内存速度已经提升到800MHz/1 066MHz的速度，DDR3内存模组会从1 066MHz起跳，现在最高已发展到1 866MHz。DDR3采用点对点的拓扑架构，以减轻地址/命令与控制总线的负担。DDR3采用100nm以下的生产工艺，并增加异步重置（Reset）与ZQ校准功能。

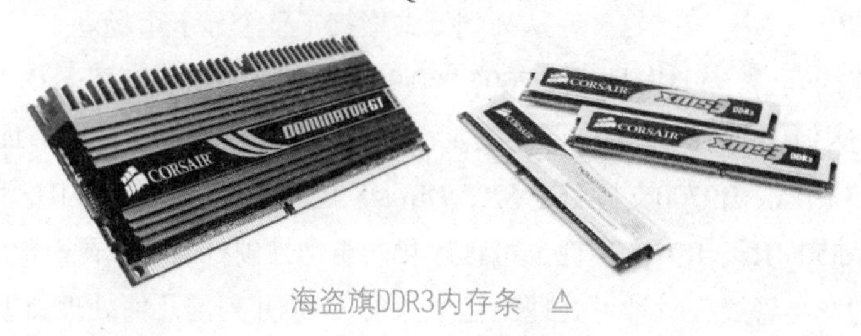

海盗旗DDR3内存条 △

4 显卡的战国史诗

踏入2001年以后，如同桌面处理器市场的Intel和AMD一样，显卡市场演变为NVIDIA与ATI两雄争霸的局势。

NVIDIA方面，凭借刚刚推出的Geforce3系列占据了不少市场，Geforce3 Ti 500、Geforce2 Ti和Geforce3 Ti、Geforce MX分别定位于高、中、低三线市场。GeForce3显卡最主要的改进之处就是增加了可编程T&L功能，能够对几乎所有的画面效果提供硬件支持。

而作为与之相抗衡的ATI Radeon 8500/7500系列，采用0.15微米工艺制造，包括6 000万个晶体管，采用了不少新技术(如Truform、Smartshader等)，并根据显卡的核心/显存工作频率分成不同的档次：标准版、Ultra版，中端的Radeon 7500，低端的Radeon 7200、7000等产品。值得一提的是，Radeon 8500还支持双头显示技术。

Geforce3 Ti显卡 △

2002年，NVIDIA与ATI的竞争更加白热化。为巩固其图形芯片市场霸主地位，NVIDIA推出了Geforce4系列，GeForce4 Ti系列无疑是最具性价比的，代号是NV25，它主要针对当时的高端图形市场，是DirectX 8时代下最强劲的GPU图形处理器。Geforce4系列从高到低，横扫了整个显卡市场。

作为反击，ATI出品了R9700/9000/9500系列，首次支持DirectX 9，使其在与NVIDIA的竞争中抢得先机。而R9700更是在速度与性能方面首次超越NVIDIA。R9700支持AGP 8X、DirectX 9，核心频率是300MHz，显存时钟是550MHz。R9700实现了可程序化的革命性硬件架构，配有8个平等处理的彩绘管线，每秒可处理25亿个像素，4个并列的几何处理引擎更能处理每秒3亿个形迹及光效多边形。

2003年的显卡市场依旧为N系与A系所统治。ATI推出的R9800/pro/SE/XT，凭借其超强的性能以及较低的售价，再次打败GF GX 5800。

2004年是ATI大放异彩的一年，不过其最大的功臣却是来自于面向中低端的R9550。这款2004年性价比最高的显卡，让ATI在低端市场呼风唤雨。而老对手的N卡方面，却只推出了一款新品GF FX 5900XT/SE，虽然性能不错，可惜价格却没有优势，被R9550彻底打败了。

ATI从2005年开始就一直被NVIDIA压制，在旗舰产品上，ATI一直处于劣势。

但在2008年6月，也就是AMD收购ATI之后两年，发生了转机，ATI发布了RV770，无论是从市场定价还是从性能上都十分让人满意，中端HD4850的价格更是让NVIDIA措手不及，HD4870紧接着发布，采用DDR5显存的RV770浮点运算能力更是达到了1Tb/s，NVIDIA发布的新核心GT200的旗舰版本GTX280虽然在性能上取得了暂时的领先，但是和HD4870相比只有10%的性能差距，而且由于工艺较落后，导致成本过高。

就在人们以为ATI放弃旗舰，准备走性价比路线时，ATI推出了HD4870X2，领先GTX280高达50%~80%，而GTX280的核心面积已经大得“恐怖”，不可能衍生出单卡双芯，所以ATI依靠单卡双芯重新夺得了性能之王。

2009年初，NVIDIA凭借其新推出的GTX295，重新夺回显卡性能之王宝座。2009年9月22日，AMD正式发布了业界第一款DirectX 11显卡：HD5870/5850，其中HD5870是ATI单核心旗舰显卡，HD5870显卡采用RV870核心，其主要竞争对手是GTX295。

2013年，在市场上捉对厮杀的是GTX700系列和HD7000系列。

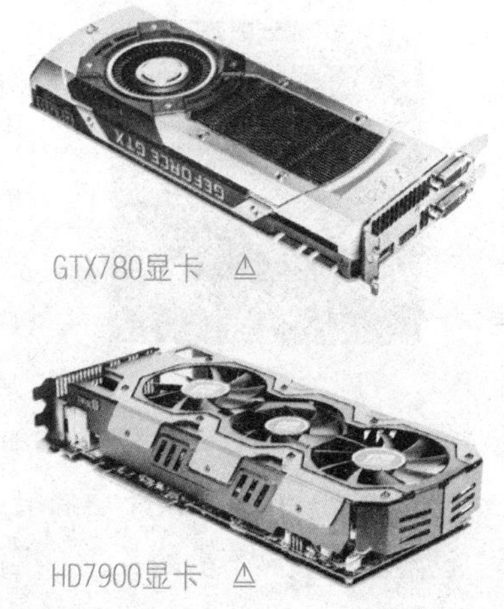

GTX780显卡 △

HD7900显卡 △

5 强悍的GPU已经无敌了

GPU不就是显卡吗？错了，现在的GPU已不仅仅是做显卡那么简单。GPU英文全称Graphic Processing Unit，中文翻译为“图形处理器”。GPU是一个相对于CPU的概念，由于在现代计算机中（特别是家用系统，游戏的发烧友）图形的处理变得越来越重要，需要一个专门的图形核心处理器。

NVIDIA公司在1999年发布Geforce256图形处理芯片时首先提出GPU的概念。

GPU能够从硬件上支持T&L（Transformand Lighting，多边形转换与光源处理）的显示芯片，因为T&L是3D渲染中的一个重要部分，其作用是计算多边形的3D位置和处理动态光线效果，也可以称为“几何处理”。一个好的T&L单元，可以提供细致的3D物体和高级的光线特效；只不过大多数PC中，T&L的大部分运算是交由CPU处理的(这也就是所谓的软件T&L)，由于CPU的任务繁多，除了T&L之外，还要做内存管理、输入响应等非3D图形处理工作，因此在实际运算的时候性能会大打折扣，常常出现显卡等待CPU数据的情况，其运算速度远跟不上今天复杂三维游戏的要求。即使CPU的工作频率超过1GHz或更高，对它的帮助也不大，由于这是PC本身设计造成的问题，所以与CPU的速度无太大关系。

AMD HD6990M型GPU △

今天，GPU已经不再局限于3D图形处理了，GPU通用计算技术发展已经引起业界不少的关注，事实也证明在浮点运算、并行计算等方面，

GPU可以提供数十倍乃至上百倍于CPU的性能，如此强悍的“新星”难免会让CPU厂商老大英特尔为未来紧张，NVIDIA和英特尔也经常为CPU和GPU谁更重要而展开口水战。GPU通用计算方面的标准目前有 OpenCL、CUDA、ATI STREAM。其中，OpenCL(全称Open Computing Language，开放运算语言)是第一个面向异构系统通用目的并行编程的开放式、免费标准，也是一个统一的编程环境，便于软件开发人员为高性能计算服务器、桌面计算系统、手持设备编写高效轻便的代码，而且广泛适用于多核心处理器(CPU)、图形处理器(GPU)、Cell类型架构以及数字信号处理器(DSP)等其他并行处理器，在游戏、娱乐、科研、医疗等各种领域都有广阔的发展前景，AMD-ATI、NVIDIA产品都支持OpenCL。

GPU还可以有效地执行多种运算，从线性代数和信号处理到数值仿真。虽然概念简单，但新用户在使用GPU计算时还是会感到迷惑，因为GPU需要专有的图形知识。这种情况下，一些软件工具可以提供帮助。比如高级描影语言CG和HLSL，它们类似C语言，写好后能够被编译成GPU专用的汇编语言；再比如Brook这种专为GPU计算设计的语言，不需要了解图形知识就能使用，Brook还完全隐藏了图形API的所有细节。利用ATI的X800XT和NVIDIA的GeForce 6800 Ultra型GPU，在相同执行条件下，许多此类应用的速度提升高达7倍之多。著名的“天河二号”超级计算机中，就安装了将近5万块英特尔至强Phi协处理器GPU。

TESLA K20型GPU △

6 SSD硬盘，“跑分党”的最爱

多少年以来，我们装在机箱中的硬件里，硬盘的发展显然要落后于其他硬件，并逐渐成为PC中的瓶颈之一，这让我们无限感慨，直到SSD固态硬盘的到来，才让硬盘真正进入高速发展的时代。

SSD俗称固态硬盘，当然，原来的硬盘不是液态硬盘，只是相对原来主轴旋转，SSD并无机械部分，所以被人称为固态硬盘。SSD的结构十分简单，由控制单元和存储单元(FLASH芯片)组成，简单地说，就是存储芯片通过阵列制成的硬盘(基本都是RAID 模式，这也是SSD高速的原因)。同时，固态硬盘无机械部分，因而抗震性极佳，而且工作温度范围很宽。

在20世纪70年代，StorageTek公司(现在的SUN StorageTek)开发了第一个固态硬盘驱动器。早期固态硬盘的缺陷，如价格昂贵、性能不稳定以及当时高性能市场需求尚未崛起，致使它来去匆匆、无声无息。

世界上第一款固态硬盘出现于1989年，不过由于其价格过于高昂，在当时仅应用于非常特别的市场，比如医疗、工业以及军用市场。实际上，虽然当时其1M大小的闪存换算下来的价格已经达到了3500美元，但是其性能却要远低于当时的普通硬盘产品，不过凭借其独有的特性却使得闪存硬盘在军用、航空以及医疗领域获得了长足的发展。自从2007年7月IBM在其刀片式服务器上部署SanDisk SSD，固态硬盘再一次进入人们的视线。

英特尔SSD硬盘 △

随着英特尔、三星、现代、

东芝、SanDisk、宇瞻、Micron（美国美光）等存储界的巨头高调进入SSD行业，各大芯片公司加速开发SSD主控，甚至大名鼎鼎的苹果公司也推出了自己的SSD。

SSD主要分为以下两种类别：

浦科特SSD硬盘 △

基于闪存的SSD　采用Flash（闪存）芯片作为存储介质，这也是我们通常所说的SSD。它的外观可以被制作成多种模样，例如笔记本硬盘、微硬盘、存储卡、U盘等样式。这种SSD固态硬盘最大的优点就是可以移动，而且数据保护不受电源控制，能适应各种环境，但是使用年限不高，适合个人用户使用。

基于DRAM的SSD　采用DRAM作为存储介质，目前应用范围较窄。它仿效传统硬盘的设计，可被绝大部分操作系统的文件系统工具进行卷设置和管理，并提供工业标准的PCI和FC接口，用于连接主机或者服务器。其应用方式可分为SSD硬盘和SSD硬盘阵列两种。它是一种高性能的存储器，而且使用寿命很长，美中不足的是需要独立电源来保护数据安全。

由于采用Flash存储介质的SSD在不通电的情况下数据仍然能够保存80年以上，所以基于Flash的SSD市场远远大于基于DRAM的SSD。

SLC和MLC均属于NAND Flash存储原理的存储技术。SLC因为结构简单，在写入数据时电压变化的区间小，所以寿命较长，传统的SLC Flash可以经受10万次的读写，因此出现损坏的概率较小，因为存储结构非常简单，一组电压即可驱动，所以其速度表现更好。MLC（多层式储存）是那种充分利用存储单元的技术，与SLC相比，因为MLC是多层的，需要改变电压在不同层之间切换，所以MLC技术的Flash在寿命方面远劣于SLC，这可能是MLC最致命的一个缺点，也是未来技术攻关的方向。

7 手写输入，键盘鼠标之外的第三道路

Wacom大尺寸绘图屏 △

手写绘图输入设备对计算机来说是一种输入设备，最常见的是手写板，其作用和键盘类似。当然，基本上只局限于输入文字或者绘画，也带有一些鼠标的功能。在手写板的日常使用上，除用于文字、符号、图形等输入外，还可提供光标定位功能，因而手写板可以同时替代键盘与鼠标，成为一种独立的输入工具。

在笔的设计上，又分为压感和无压感两种类型，有压感的手写板可以感应到手写笔在手写板上的力度，从而产生粗细不同的笔画，这一技术成果被广泛地应用在美术绘画和银行签名等专业领域，成为不可缺少的工具之一。

数位电磁板和压感式电磁板的工作原理都是利用了电磁感应技术。它由手写笔发射出电磁波，由写字板上排列整齐的传感器感应到后，计算出笔的位置然后报告给计算机，再由计算机做出移动光标或其他的相应动作。由于电磁波不需要接触也能传导，所以手写笔即使没有接触写字板，写字板也能感应到，这样就使您的书写更加流畅。

但仅仅依靠电磁感应技术，无论你用的力是重还是力轻，反映出的线条都是一样的粗细。因此，在第五代产品——压感电磁板中又加入了压力感应技术：笔尖可以随着用力的轻重微微地伸缩，一个附加的传感器能感应到你在笔尖上所施加的压力，并将压力值传给计算机，计算机

则在屏幕上放映出该值笔迹的粗细。这样一来，手写板完全就可以同真的笔相匹敌了，除了手写文字输入以外，还可以用来画画或模仿毛笔泼墨。压感电磁板市场上比较常见的有256级和2048级等很多种，即意味着可表现出256级压力和2048级压力。这些产品虽在压力级数上相差几倍，但两者的价格相当接近，因此建议选购2048级的产品。

Wacom

提起手写板，就不能不提数位板行业的老大——Wacom，虽然Wacom的产品主要用于绘图，但仍对手写板市场具有影响力。Wacom公司诞生于日本，是全球顶尖的用户界面产品生产商。1983年，Wacom率先研制并将数位板和无线压感笔投入市场，初期主要用于电脑辅助CAD设计，取得了很大的成功。Wacom公司的产品不仅在电脑辅助CAD设计、DTP、CG等领域占据着支配地位，更已成为业界最高技术与最新潮流的引领者，Wacom数位板已占有世界市场的60%以上。

Wacom DTZ-2100手写板

汉王科技

汉王是手写板市场国产品牌的老大，公司成立于1998年。汉王立足于模式识别领域，专注手写、语音、OCR、生物特征等识别技术的研究和推广，拥有多项国际领先的核心技术和自主知识产权。如今，汉王已成为国内手写设备、绘图设备、电子书等领域的领导者。

友基科技

友基科技是世界上少数几个生产先进的手写数字化产品的高科技企业，是中国数位板行业内的领军品牌。自1998年成立以来，致力于研发和生产高品质的数字化手写设备。

8 三维显示器，立体世界的窗口

3D显示器一直被公认为显示技术发展的终极梦想，多年来有许多企业和研究机构从事这方面的研究。日本、韩国及欧美一些国家和地区早在20世纪80年代就纷纷涉足立体显示技术的研发，于90年代开始陆续获得不同程度的研究成果，现已开发出需佩戴立体眼镜和不需佩戴立体眼镜的两大立体显示技术体系。

平面显示器要形成立体感的影像，必须至少提供两组相位不同的图像。其中，不闪式3D技术和快门式3D技术是如今显示器中最常使用的两种。

通过世界著名认证机关Intertek(德国)跟中国第三研究所客观认可的不闪式3D的分辨率，垂直方向可为1080线（是由左眼和右眼各读出540线后，俩眼的影像在大脑重合，所以大脑所认知的影像是1080线），在佩戴3D眼镜后可以清楚地观看到全高清状态下的3D。引领了3D潮流的世界著名导演詹姆斯·卡梅隆在某个新闻活动里发表感叹说，不闪式3D技术今后的局势会非常光明。现在许多3D片源厂家都以不闪式3D方式制作3D片源，以至于3D片源业界最权威的制作商索尼已正式运用不闪式3D技术制造全高清的3D影像。

3D眼镜 △

快门式3D技术是如今显示器中最常使用的一种。主要是通过提高画面的快速刷新率（至少要达到120Hz）来实现3D效果，属于主动式3D技术。当3D信号输入到显示设备（诸如显示器、投影机等）后，120Hz的图像便以帧序列的格式实现左右帧交替产生，通过红外发射器将这些帧信号传输出去，负责接收的3D眼镜再刷新同步实现左右眼观看对应的图像，并且保持与2D视像相同的帧数，观众的两只眼睛看到快速切换的不同画面，且在大脑中产生错觉（摄像机拍摄不出来效果），便观看到立体影像。

快门式3D的缺点：首先是眼镜需要配备电池；其次3D眼镜画面闪烁，主动快门式3D眼镜左右两侧开闭的频率均为50/60Hz，也就是说，两个镜片每秒各要开合50/60次，即使是如此快速，人眼仍然是可以感觉得到，如果长时间观看，眼球的负担将会增加。

裸眼3D显示技术是影像行业最新、前沿的高新技术，它的出现改变了传统平面图像给人们带来的视觉疲惫，也是图像制作领域的一场技术革命，是一次质的变化。它以新、特、奇的表现手法，强烈的视觉冲击力，良好优美的环境感染力，吸引着人们的目光。

裸眼式3D的优点：无需借助任何辅助设备即可观看三维立体影像效果。它与当前世界3D显示器各厂商产品相比，有更高的亮度，对环境光线没有任何要求条件，适合各种场所的立体展示。摩尔纹是一种高频干扰，比如照相机拍摄布，上面的布纹会出现奇怪的花纹，用软件算法可以消除这种花纹，使双眼没有障碍地接受视频图像，如身临其境。裸眼式3D在分辨率、可视角度和可视距离等方面还存在很多不足。

三维显示器的效果示意图 ⚠

9 U盘，中国创造

U盘是哪国科学家发明的？可能有些人会觉得，U盘这么方便这么优秀，肯定是美国人或是日本人发明的，其实不然！U盘是地地道道的Created in China（中国创造）！

U盘，全称USB闪存驱动器，英文名USB flash disk。它是一种使用USB接口的微型高容量移动存储产品，通过USB接口与电脑连接，实现即插即用。U盘的称呼最早来源于朗科科技生产的一种新型存储设备，名曰“优盘”，使用USB接口进行连接。U盘连接到电脑的USB接口后，U盘的资料可与电脑交换。而之后生产的类似技术的设备由于朗科已进行专利注册，而不能再称为“优盘”，就改称谐音的“U盘”。后来，U盘这个称呼因其简单易记而广为人知，是移动存储设备之一。

自1998年至2000年，有很多公司声称是自己首先发明了USB闪存盘，这些公司包括中国朗科科技、以色列M-Systems、新加坡Trek公司。但是真正获得U盘基础性发明专利的却是中国朗科公司。2002年7月，朗科公司“用于数据处理系统的快闪电子式外存储方法及其装置”（专利号：ZL 99 1 17225.6）获得国家知识产权局正式授权。该专利填补了中国计算机存储领域20年来发明专利的空白。该专利权的获得引起了整个存储界的极大震动。以色列M-Systems公司立即向中国国家知识产权局提出了无效复审，这一度成为全球闪存领域震惊中外的专利权之争。2004年12月7日，朗科获得美国国家专利局正式授权的闪存盘基础发明专利，美国专利号为US6829672。这一专利权的获得，最终结束了这场争夺。中国朗科公司才是U盘的发明者。美国时间2006年2月10日，朗科委托美国摩根路易斯律师事务所向美国得克萨斯州东区联邦法院递交诉状，控告美国PNY公司侵犯了朗科的美国专利。2008年2月，朗科与PNY达成庭外和解。朗科同PNY签订专利许可协议，PNY向朗科公司缴纳专利许可费用1000万美元。这是中国企业第一次在美国本土收到巨额专利许可费用，也进一步证明了朗科是U盘的全球发明者。

现在的闪存盘都支持USB2.0标准；然而，因为NAND闪存技术上的限制，它们的读写速度目前还无法达到标准所支持的最高传输速度480Mb/s。目前最快的闪存盘已使用了双通道的控制器，但是比起硬盘，或是USB2.0能提供的最大传输速率来说，仍然差了一截。目前最高的传输速率大约为20~40Mb/s，而一般的文件传输速率大约为10Mb/s。旧型的12Mb/s设备传输速率最大约只有1Mb/s。闪存业界的佼佼者有朗科、方正、驱逐舰、silicom矽谷、OSCOO、LG、SanDisk、金士顿、PNY、爱国者、索尼、明基、纽曼、神州数码、东芝、优立方数码、Siliconer矽人。

技术人员最先是使用软驱来安装系统，后来随着光驱的发展软驱很快就被淘汰掉了。几年前出现了一种使用U盘安装系统的方法，U盘系统得到广泛普及，因为它操作简单，吸引了众多装机爱好者。

各种U盘

10 喷墨打印也疯狂

21世纪以来，打印产品的核心技术已经趋于成熟，专利版图上很难找到空白区域，无论是喷墨、激光、针打，还是热升华，可以突破的空间很小，厂商不愿意为了一点点进步，再投入大量人力和财力。另一方面，现阶段无论是打印速度，还是打印质量都能满足用户的使用需求。产品要升级，就必须有新的卖点，挖掘难度加大，为此厂商更多在外围下功夫，包括控制成本，将环保、智慧理念融入产品，强调体验等。不过最近两年，仍然有些新的技术，让人眼前一亮。

2013年4月，惠普推出了采用PageWide技术的商用喷墨打印机，打印速度最高可达到每分钟70页，速度超过了大多数的激光产品。在这次发布会上我们也了解了一个新名词“页宽式打印头”，就是通过采用了这种新型的打印头，才使得打印速度可以“秒杀”激光打印机。

惠普Officejet Pro X3 △
超高速喷墨打印机

不过，看到惠普的新款产品，也让我们想起在2011年美国CES展上，由澳大利亚公司SilverbrookResearch研究的Mumjet线性喷墨打印技术，打印速度可以达到每分钟60页。在进入中国后，选择与联想集团合作推出打印机产品。那么，PageWide与Mumjet在技术上有着哪些相似之处，惠普的PageWide技术又做了哪些提升呢？

通过了解我们发现，页宽式打印技术的主要特点一个是更多的打印喷头，另一个是控制芯片。在Mumjet技术中，其喷头的数量达到了70 400个，分别由11个长度为20mm的微芯片控制，每个芯片控制的喷头数量为6 400个。由这11个芯片和70 400个喷头组合而成的打印头宽度与纸张幅面保持一致，因此Memjet打印机无须像市场上大多数喷墨打印机一样左右移动，大大提升了打印效率。

同时，这些喷墨头能够实现1600dpi × 1600dpi的打印精度，也就是1英寸的打印幅面需喷出250万个墨滴，该打印头最小可以喷出1升的百亿分之一的墨滴。据说该打印机的墨盒成本只有普通墨盒的1/10~1/5。

我们再看惠普的PageWide技术，其采用固定喷头的长度与A4纸的宽度等长，因此可以以覆盖打印的方式形成喷墨打印操作。惠普页宽式打印头的喷嘴数量达到了42 240个，分别由10个芯片进行控制。不仅如此，每个芯片控制4 224个喷嘴，四种油墨颜色各有1 056个喷嘴。

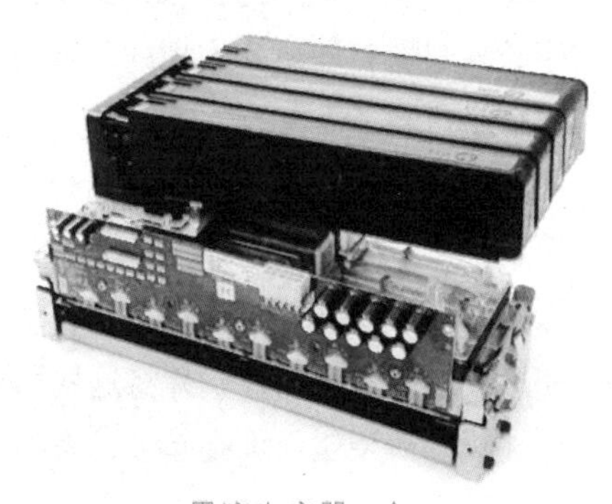

墨滴生产器 △

而在打印速度方面，Mumjet技术的产品可以实现每分钟60页的打印速度，而惠普的PageWide技术则提升至每分钟70页。可以说，惠普的产品在喷头数量减少、芯片减少的情况下，实现了打印速度的提升。

在Mumjet技术面世的时候，人们就预测这项技术将颠覆打印行业现有格局。而惠普这一技术，之前只应用于高端的数字印刷机上，本次也是首次将这一高端技术应用于商用喷墨打印机之上。喷墨打印技术在速度上的全面提升，也将目标瞄准了激光打印机。虽然在测试中我们发现，在高速打印的情况下，采用页宽式打印的喷墨产品，在打印效果方面已经比传统喷墨产品有所下降，但更高的打印速度和更加经济的打印成本，也让我们对这项技术的未来充满期待。

11
3D打印，构建未来

3D打印并非新鲜技术，这个思想起源于19世纪末的美国，并在20世纪80年代得以发展和推广。中国物联网校企联盟把它称作“上上个世纪的思想，上个世纪的技术，这个世纪的市场”。三维打印通常是采用数字技术材料打印机来实现的。这种打印机的产量以及销量在21世纪以来就已经得到了极大的增长，其价格也正逐年下降。

使用打印机就像打印一封信：轻点电脑屏幕上的“打印”按钮，一份数字文件便被传送到一台喷墨打印机上，它将一层墨水喷到纸的表面以形成一幅二维图像。而在3D打印时，软件通过电脑辅助设计技术（CAD）完成一系列数字切片，并将这些切片的信息传送到3D打印机上，后者会将连续的薄型层面堆叠起来，直到一个固态物体成型。3D打印机与传统打印机最大的区别在于它使用的“墨水”是实实在在的原材料。

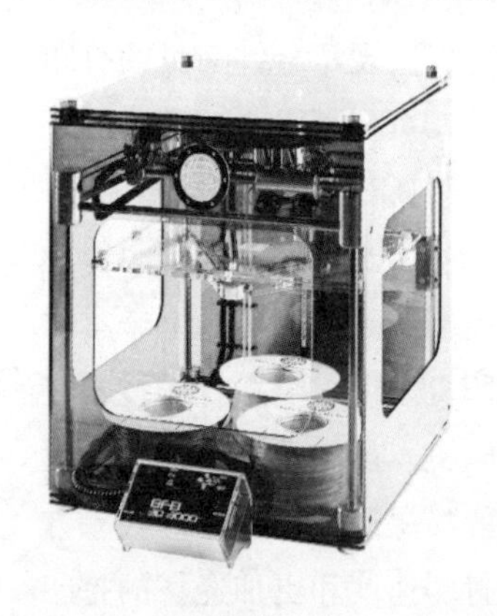

3D打印机 △

堆叠薄层的形式多种多样。

有些3D打印机使用“喷墨”的方式。例如，一家名为Objet的以色列3D打印机公司使用打印机喷头将一层极薄的液态塑料物质喷涂在铸模托盘上，然后将此涂层置于紫外线下进行处理。之后铸模托盘下降极小的距离，以供下一层堆叠上来。另外一家总部位于美国明尼阿波利斯市的公司Stratasys使用一种叫作“熔积成型”的技术，整个流程是在喷头内熔化塑料，然后通过沉积塑料纤维的方式才形成薄层。

还有一些系统使用粉末微粒作为打印介质。粉末微粒被喷撒在铸模托盘上形成一层极薄的粉末层，然后由喷出的液态黏合剂进行固化。它也可以使用一种叫作“激光烧结”的技术熔铸成指定形状。

科学家们正在利用3D打印机制造诸如皮肤、肌肉和血管片段等简单的活体组织，很有可能将来某一天我们能够制造出像肾脏、肝脏甚至心脏这样的大型人体器官。如果生物打印机能够使用病人自身的干细胞，那么器官移植后的排异反应将会减少。人们也可以打印食品，比如美国康奈尔大学的科学家们已经成功打印出了杯形蛋糕。几乎所有人都相信，食品界的杀手级应用将是能够打印巧克力的机器。

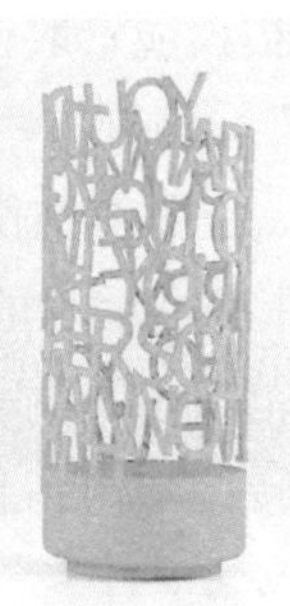

3D打印品 △

你可以把3D打印技术称为“工业2.0”，它不仅将改变制造的本质，还将进一步挑战所有权和版权的概念。比如你在朋友家看到一个漂亮的杯子，然后就可以拍照，回家打印一个。而且这么做并不违法。不仅打印别人家的杯子不违法，打印手机套、家具一样不违法。

美国得克萨斯州大学生科迪·威尔森用3D打印机制造出世界上首款打印手枪，并且射击测试成功，该手枪除了撞针为金属外，其余部件全部为塑料。据英国媒体报道，由于除了撞针外，这种3D打印枪支全部部件为塑料，因此被拆分后成功通过了伦敦的火车站安检。随着3D打印机价格的降低，更多人有能力购买并制造出有杀伤性的产品，而这一切都是在国家控制范围之外的。

3D打印手枪 △

因此，这项崭新的技术将把人类带向怎样的未来，还是一个未知数。

12 抄数机：三维立体扫描

工业界将三维扫描仪称作抄数机，用途是创建物体几何表面的“点云”，密集的点云可以插补成物体的表面形状，创建精确的模型。有些扫描仪能够取得表面颜色，在重建的表面上着色，也就是所谓的“贴图”。现在有些工作室提供的3D人像制作，就属于这种情况。

三维扫描仪和照相机不同之处在于相机所抓取的是颜色信息，而三维扫描仪测量的是距离。测得的结果含有深度信息。三维扫描仪每次扫描范围有限，只能扫描物体的一个侧面，因此扫描时常将物体放置于电动转盘上，经过多次扫描，然后拼凑出物体的完整模型。

三维扫描仪 ▲

三维扫描仪按功能大体分为接触式三维扫描仪和非接触式三维扫描仪。其中非接触式三维扫描仪又分为光栅三维扫描仪（也称拍照式三维扫描仪）和激光扫描仪。而光栅三维扫描又有白光扫描或蓝光扫描等，激光扫描仪又有点激光、线激光、面激光的区别。

现在工业上，常常将使用黏土塑造的模型通过3D扫描，变成计算机模型，再通过3D打印或CNC数码加工中心制作出塑料或金属的成品，大大提高了创意产业的劳动生产率。

而个人用户其实也可以自己动手，利用3D成像装置，例如微软Kinect中的摄像头，自制这样的扫描仪。

3D建模难度很大。微软看到了这个软肋，新推出的Kinect 1.7版本的SDK开发包支持3D建模功能。这是微软自2012年2月发布SDK 1.0版及传感器以来，对该软件开发工具包的最重要更新。新的软件开发工具包增加了两大关键功能：Kinect Fusion和Kinect互动功能。这两个功能让企业和开发者能够更加专注于开发更多创新的应用程序，在提升工作效率并降低成本的同时，为零售、医疗和教育等多个行业的用户提供更为一致、直观和自然的体验。

工业手持式抄数机

Kinect Fusion整合了来自Kinect for Windows传感器的连续景深快照，以创建完整的3D模型。通过精确的3D模型和相关的Kinect for Windows应用程序，让开发者能够专注于开发更多定制和精确3D应用程序，实现3D打印、增强现实等各种新场景，满足零售、医疗和教育等众多行业的客户需求。

Kinect属于拍照式光学三维扫描仪，主要由光栅投影设备及两个工业级的配置镜头附件的CCD相机构成，由光栅投影在待测物上，并加以粗细变化及位移，配合CCD相机将所撷取的数字影像透过计算机运算处理，即可得知待测物的实际3D外形。拍照式三维扫描仪采用非接触白光技术，避免对物体表面的接触，可以测量各种材料的模型，测量过程中被测物体可以任意翻转和移动，以便对物件进行多个视角的测量，系统进行全自动拼接，轻松实现物体360° 高精度测量。并且能够在获取表面三维数据的同时，迅速地获取纹理信息，得到逼真的物体外形，能快速地应用于制造业。

13 Linux，东边不亮西边亮

Linux是一种自由和开放源码的操作系统，目前存在着许多不同的Linux版本，但它们都使用了Linux内核。Linux可安装在各种计算机硬件设备中，比如手机、平板电脑、路由器、视频游戏控制台、台式计算机、大型机和超级计算机。Linux是一个比较领先的操作系统，世界上运算最快的10台超级计算机运行的都是Linux操作系统。

Linux系统图标 △

严格来讲，Linux这个词本身只表示Linux内核，但实际上人们已经习惯了用Linux来形容整个基于Linux内核，并且使用GNU工程各种工具和数据库的操作系统。Linux得名于天才程序员林纳斯·托瓦兹。

Linux操作系统是Unix操作系统的一种克隆系统，它诞生于1991年10 月5 日（这是第一次正式向外公布的时间）。以后借助于Internet网络，并通过全世界各地计算机爱好者的共同努力，已成为今天世界上使用最多的一种Unix 类操作系统，并且使用人数还在迅猛增长。

Linux是一套免费使用和自由传播的类Unix操作系统，是一个基于Posix和Unix的多用户、多任务、支持多线程和多CPU的操作系统。它能运行主要的Unix工具软件、应用程序和网络协议。它支持32位和64位硬件。Linux继承了Unix以网络为核心的设计思想，是一个性能稳定的多用户网络操作系统。它主要用于基于英特尔x86系列CPU的计算机上。这个系统是由全世界各地的成千

Linux系统一个版本 △
Ubuntu系统图标

上万的程序员设计和实现的，其目的是建立不受任何商品化软件的版权制约的、全世界都能自由使用的Unix兼容产品。

Linux以它的高效性和灵活性著称，Linux模块化的设计结构，使得它既能在价格昂贵的工作站上运行，也能够在廉价的PC机上实现全部的Unix特性，具有多任务、多用户的能力。Linux是在GNU公共许可权限下免费获得的，是一个符合POSIX标准的操作系统。Linux操作系统软件包不仅包括完整的Linux操作系统，而且还包括了文本编辑器、高级语言编译器等应用软件。它还包括带有多个窗口管理器的X-Windows图形用户界面，如同我们使用Windows NT一样，允许我们使用窗口、图标和菜单对系统进行操作。

但是，由于兼容性等问题，Linux在个人计算机上并没有击败收费的操作系统软件，并没有能够动摇Windows的统治地位，Linux主要被用作服务器的操作系统，因为它的廉价、灵活性及Unix背景。传统上，以Linux为基础的LAMP（Linux，Apache，MySQL，Perl/PHP/Python的组合）技术，除了已在开发者群体中广泛流行，它提供网站服务供应商最常使用的平台。

尽管2010年2月3日，Linux内核开发者格雷格·克罗赫-哈特曼(Greg Kroah-Hartman)将Android(安卓)的驱动程序从Linux内核“状态树”上除去，但事实上，Android和Linux整合的步伐相当快，在2010年10月份的内核峰会上，Linux内核开发者“一致认为Android内核代码应当整合到主流内核中，Android和Linux最终将回归相同的内核，但还有许多工作需要做，这一工作在4~5年内无法完成”。

因此，实际上击败了诺基亚塞班系统的，大名鼎鼎的手机操作系统Android，是一种基于Linux内核的Linux操作系统，所以Linux系统实际上也早已走入我们日常生活中了。

安卓系统图标 △

14 无线互联，空气中的海量信息

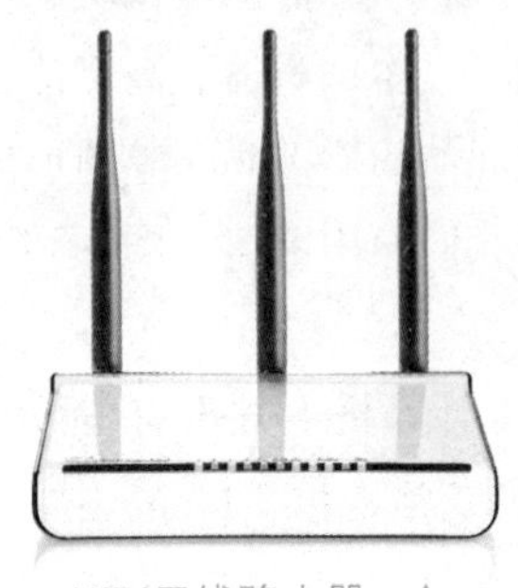
WiFi无线路由器

WiFi的全称是Wireless Fidelity，又叫802.11b标准，是一种无线互联技术。它的最大优点就是传输速度较高，可以达到11Mb/s，另外，它的有效距离也很长，同时与已有的各种802.11DSSS设备兼容。伴随着英特尔公司提出的笔记本电脑芯片组——“迅驰”被越来越多的人认可，这一技术也逐渐成为大家关注的话题。不过自2005年底开始，很多手机厂商，特别是以生产智能手机为主的品牌便开始将WiFi引入自己的产品当中。

由于WiFi的频段在世界范围内是不需要任何电信运营执照的，因此WLAN无线设备提供了一个世界范围内可以使用的、费用极其低廉且数据带宽极高的无线空中接口。用户可以在WiFi覆盖区域内快速浏览网页，随时随地接听、拨打电话。而其他一些基于WLAN的宽带数据应用，如流媒体、网络游戏等功能更是值得用户期待。有了WiFi功能，我们打长途电话（包括国际长途）、浏览网页、收发电子邮件、音乐下载、数码照片传递等，再无须担心速度慢和花费高的问题。WiFi无线保真技术与蓝牙技术一样，同属于在办公室和家庭中使用的短距离无线技术。

2010年全球每天大约有30亿台电子设备使用WiFi技术，而到2013年底CSIRO的无线网专利过期之后，这个数字增加到了50亿。

WiFi技术由澳大利亚政府的研究机构CSIRO在20世纪90年代发明并于1996年在美国成功申请了无线网技术专利。发明人是悉尼大学工程系毕业的Dr. John O'Sullivan领导的一群由悉尼大学工程系毕业生组成的研究小组。

WiFi被澳大利亚媒体誉为澳大利亚有史以来最重要的科技发明，其发明人John O'Sullivan被媒体称为“WiFi之父”，并获得了澳大利亚的国家最高科学奖和全世界的众多赞誉，其中包括欧洲专利局颁发的European Inventor Award 2012，即2012年欧洲发明者大奖。

另一种无线互联技术蓝牙的支持者也很多，从最初只有五家企业发起的蓝牙特别兴趣小组（SIG）发展到现在已拥有了近3 000个企业成员。根据计划，蓝牙从实验室进入市场经过三个阶段：

第一阶段是蓝牙产品作为附件应用于移动性较大的高端产品中。如移动电话耳机、笔记本电脑插卡或PC卡等，或应用于特殊要求或特殊场合，这种场合只要求性能和功能，而对价格不太敏感，这一阶段的时间大约在2001年底到2002年底。

第二阶段是蓝牙产品嵌入中高档产品中，如PDA、移动电话、PC、笔记本电脑等。蓝牙的价格进一步下降，其芯片价格在10美元左右，而有关的测试和认证工作也初步完善。这一时间段是2002年到2005年。

第三阶段是2005年以后，蓝牙进入家用电器、数码相机及其他各种电子产品中，蓝牙网络随处可见，蓝牙应用开始普及，蓝牙产品的价格在2～5美元之间，每人都可能拥有2~3个蓝牙产品。

蓝牙技术的主要市场将是低端无线联网领域，提供简单方便的无线联网技术是业内最初研发“蓝牙”标准的初衷。

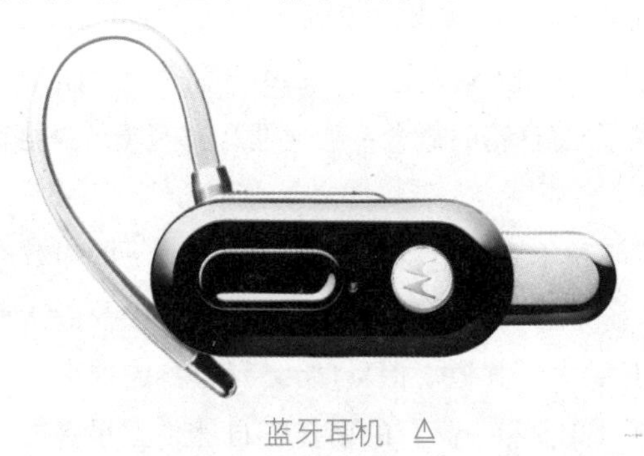

蓝牙耳机 △

15 聆听天籁，数字音箱进展

音箱作为个人电脑配置项的历史并不长。音箱这种特殊的产品不受摩尔定律的影响，CPU、硬盘等核心设备日新月异的升级对音箱行业的影响几乎为零，大部分用户的音箱使用寿命都比主机长。虽然相比CPU、存储设备，音箱带给消费者的感觉是技术含量较低，但它却是消费者最能直接体会效果，并且感受更为深刻、明了的产品。正因为这些特殊性，音箱的发展之路和电脑的其他配件完全不同。

大约在20世纪90年代初期，电脑只是冰冷的机器，除了能发出"Beep，Beep"的提示音外，基本上与声音无缘。随着声卡技术的诞生与进步，电脑进入多媒体时代，开始能播放音乐，也能播放有声视频了。所谓多媒体，即是视频媒体和音频媒体。在这个时代背景下，电脑有了一个新的伙伴——音箱，为了获得更强的实用性，音箱多数被设计为有源结构。因为其伴随着多媒体电脑诞生，因此大家也约定俗成地称之为多媒体音箱。

1997年，多媒体音箱历史上第一个2.1的音箱——PCWorks 2.1诞生。PCWorks原是Creative（创新公司）位于美国的子公司，著名的HiFi名厂Cambridge Sound Works的多媒体音箱子品牌，PCWorks音箱由世界音频权威艾美奖得主Henrry Kloss设计，于1997年进入中国市场。当时PCWorks 2.1第一个引入了X.1音箱的概念，独立低音音箱（就是俗称的低音炮）的采用极大改善了音质。

当人们终于意识到在电脑上也可以听到动听的声音后，2000年开始多媒体音箱有了迅猛的发展。多声道声卡和A3D及EAX等游戏音频特效的出现让X.1开始大行其道。但X.1始终有自身的弱点，中音单元不大，而且多为全频，低音和中高音的衔接不自然，卫星音箱多用塑料材质，整材声线偏薄。所以有部分的用户仍然使用着传统的2.0木质音箱，国内著名厂商漫步者可以算是倡导者之一。漫步者R1000的后辈R1000TC北美版现在仍然是低价2.0木质音箱的抢手货。

漫步者音箱 △

继PCWork 2.1之后，创新在后来的DTT中提出了桌面影院（DeskTop Theater）的概念，并推出DTT系列音箱。从早期的DTT5.1到最后的DTT3500，创新都在传递这样一个信息给我们——电脑可以成为终极娱乐平台。

相对于X.1的飞速发展，2.0多媒体音箱系统发展相对缓慢，但是惠威的介入使这个状况发生了变化。惠威M200是一款2.0规格的音箱，M200的出现让人们意识到HiFi音箱的设计思路也可以用在多媒体音箱上，M200发出的声音和X.1两头尖的声音完全不同，三个频段非常均衡，在声音上创造了清纯开朗的境界，自然柔美，强调音乐中细节的表现，音色晶莹剔透，空气感和质感出色。

早在2001年，第一个通过THX认证的5.1声道多媒体音箱就诞生了，它就是Klipsch（杰士公司）的ProMedia5.1。但从2003年开始，罗技和创新开始进入了THX多媒体认证音箱这个领域。罗技的Z560和Z680，创新的MegaWorks系列音箱，实际上都已经超出了桌面影院的范畴，它们都是不折不扣的家用Mini AV系统。

惠威音箱 △

此外，比较知名的电脑音箱品牌还包括：Hivi(惠威)、JBL、Bose (博士)、Microlab(麦博)、3NOD(三诺)、山水、奋达、飞利浦，等等。

16 电纸书，会不会输得惨

简单地说，“电纸书”就是电子阅读器，是一种电子终端，是可以读书的数码小电器。它是一种采用可称为“电子纸”的显示屏幕的新式数字阅读器。可以阅读网上绝大部分格式的电子书，比如PDF、CHM、TXT等。电子书通俗地讲是指“电子书籍”，即数字化的出版物，您也可以理解为以PDF、DOC、CEB、TXT或者图片格式存在的书籍，也可以理解为是数字化的文字内容。

一般认为，电纸书特指使用E-ink显示技术，提供类似纸张阅读感受的电子阅读产品。它是一种采用电子纸为显示屏幕的新式数字阅读器，可以阅读网上绝大部分格式的电子书，比如PDF、TXT、EPUB等。与传统的手机、MID、UMPC等设备相比，采用电子纸技术的电纸书阅读器有辐射小、耗电低、不伤眼睛等优点，而且它的显示效果逼真，能够取得和实体书接近的阅读效果。

E-ink电子纸 △

在电子纸的研制领域，成立于1997年的美国E-ink公司的地位显得首屈一指，这家隶属于麻省理工学院的公司的电子超薄显示器技术代表着目前业内的最高水准。E-Ink公司所研发的电子纸张，表面看起来与普通纸张十分相似，可以像报纸一样被折叠卷起，但实际上却有天壤之别。它上面涂有一种由无数微小的透明颗粒组成的电子墨水，颗粒直径只有人的头发丝的一半大小，这种微小颗粒内包含着黑色的染料和一些更为微小的白色粒子，染料使包裹着它的透明颗粒呈黑色，那些更为微小的白色粒子能够感应电荷而朝不同的方向运动，当它们集中向某一个方向运动时，就能使原本看起来呈黑色的颗粒的某一面变成白色。

亚马逊电纸书 △

根据这一原理，当这种电子墨水被涂到纸、布或其他平面物体上后，人们只要适当地对它予以电击，就能使数以亿计的颗粒变换颜色，从而根据人们的设定不断地改变所显现的图案和文字，这便是电子墨水的神奇功效。当然，电子墨水的颜色并不局限于黑白两色，只要调整颗粒内的染料和微型粒子的颜色，便能够使电子墨水展现出五彩缤纷的色彩和图案来。由于此种监视器具有记忆性，因此只有画素颜色变化时（例如从黑转到白）才耗电，关电源后显示屏上画面仍可保留，因此非常省电，两节AA电池即可供数周以上长期使用。

但是由于E-ink屏的电纸书刷新翻页速度慢、屏幕对比度低、不支持视频播放，不能显示彩色内容等缺点，再加上大屏幕的电子书价格并不亲民，所以没有取得预期中的理想市场效果，大多数消费者并不买账。

为了解决传统E-ink电子纸只能显示黑白两种颜色的尴尬，E-Ink公司与专业的滤色片厂商Toppan（凸版）公司合作开发了滤色片彩色E-ink电子纸，并展示过其试验样机。这方案一经面世便受到了众多后板厂商的青睐，例如LG Philips采用薄膜电路后板开发的滤色片彩色E-ink电子纸、Bridgestone（普利司通）展示过的滤色片型QR-LPD彩色电子纸等。

汉王电纸书 △

只有未来当10英寸以上彩色型电纸书的价格足够合理的时候，电纸书这种产品才会获得市场的认可。

17 Xbox，游戏机从此不简单

2001年11月15日，微软发布了Xbox游戏主机。虽然Xbox在美国上市时，PS2的全球销量已经突破了2 000万台，然而来势汹汹的Xbox依然令人畏惧。微软在纽约和旧金山举办了盛大的Xbox午夜首卖活动，比尔·盖茨亲临纽约时代广场，并将第一部Xbox递给期待已久的玩家。

Xbox游戏主机 △

不过，相对于Xbox强大的硬件性能而言，299美元这一低廉的售价在当时而言简直与恶性倾销无异。以这样的价位销售，每卖一台Xbox，微软要亏损125美元。事实也确实如此，虽然全球销量两千万台的Xbox已经稳稳坐上了第二销售量宝座，但这些年来微软在硬件上每年10亿美元的蒸发式挥霍实在有些惊人，不过比尔·盖茨说："第一代就像一局游戏，如果你玩得好，那么到最后他会说：'你可以再玩一遍了。'"

截至1999年2月，Dreamcast游戏机（简称DC）在日本的总销量为90万台，未能达到当初预计的100万台。其后在"Final Fantasy Ⅶ"（《最终幻想Ⅶ:圣子降临》）等PS大作的冲击下，缺乏软件支持的DC开始呈现颓势。进入2000年，随着PS2的上市，DC在日本和美国全面溃退。2001年3月，日本世嘉公司宣布DC停产，并彻底退出主机市场。

到这里，索尼的游戏帝国已经成形，索尼也从游戏的门外汉摇身一变成了电视游戏界最大的赢家。虽然在2001年微软的突然杀出和任天堂的蓄力反击为市场的走向带来了一些变量，到目前为止，索尼的PS2已经在全球卖出了一亿台以上。

Xbox虽然在销量上仅次于PS2的游戏机，但是其实有八成来自于欧美玩家的支持，在日本等亚洲地区的销售则是一片惨淡，原因很明显：Xbox一直以来都是由美系风格的游戏所主导，在日本当然吃不开。另外，Xbox乌黑庞大的外形实在是得不到日本或是其他亚洲国家人们的喜爱。因此，微软在研发新的次世代主机时，除了请来美术设计师打造出较第一代Xbox优美甚多的流线洁白外形外，也力邀日系游戏厂商在新一代的Xbox上开发游戏。

2005年11月22日，微软在美国推出了Xbox360游戏机，游戏机产业第七世代战争的帷幕由Xbox360率先掀起。在这一年中，Xbox360成功地占有大量的游戏机市场。但是Xbox360领先的销量不只是因为比其他游戏机早发行，较第六世代大幅进步的高画质游戏画面也是吸引玩家购买的主因。另外，从第一代Xbox就开始的Xbox Live在线服务也是Xbox360的最大卖点。玩家除了可以和第一代的Xbox一样，将游戏机连上互联网，与其他玩家进行游戏的在线对战， Xbox360还可以从在线卖场下载游戏试玩版、小游戏、电影或电视影片来欣赏。这些因素使得Xbox360比第一代Xbox更受玩家的欢迎。

2013年4月25日，微软Xbox Live首席程序设计师LaryHryb表示：“XboxOne将在2013年5月21日首次亮相，届时消费者可以一睹其真容。而在19天后于洛杉矶举行的E3游戏展上，Xbox将再次与消费者见面，一同亮相的还有Xbox上所有的主打游戏。”

可以说，是Xbox开创了具备可以比肩PC配置的家用游戏机的新世纪。

Xbox360 △

18 Wii，任天堂的绝地反击

21世纪初，曾经在20世纪叱咤风云的任天堂，受到了来自索尼、微软、NEC的强烈冲击，除了在手持游戏机方面略有建树，其他乏善可陈——直到有一天，Wii出现了，游戏机再一次掀起了革命。

1998年10月21日，日本任天堂公司终于众望所归地推出了GB的彩色版本GameBoy Color（简称GBC）。从此GB迷就步入了彩色世界。液晶部分是采用图像没有虚影的薄膜晶体管TFT液晶。GBC的CPU含有倍速模式，内存是旧GB的4倍。这就使得一些GBC专用卡带可以显示出令人惊异的画面效果。还有一个令人惊奇的性能是使用2节5号碱性电池就能进行20小时的游戏，真是省电啊！神作啊！所有设计都无懈可击，唯一美中不足的是没有背光。

GBA（GameBoy Advance）2001年3月21日发售，是任天堂推出的新一代便携式手掌机。主机的外形和历代的GB有颇大分别，最大分别是屏幕的位置改放在十字掣和A、B掣之间。相比GB，GBA的寿命要短许多，因为索尼也盯上了掌机市场，机能提高成为必需。任天堂在2004年12月2日发售其最新的掌机“Nintendo DS”，和PSP相比，NDS功能增加不多，性能也没什么提高，而且仍然抱着卡带不放，仅凭借游戏方式的特殊，与PSP竞争。

而同时，2004年PlayStation大会上，索尼公布了公司掌机PSP的新细节以及详细的规格说明。PSP全称为Play Station Portable，被索尼称为“21世纪的Walkman”。这款产品结合了数种尖端科技，索尼对产品有着极大的信心。PSP有两块CPU，一个高端音频处理器，一个3D图形处理器，4.3英寸16：9比例、背光全透式的夏普ASV超广可视角液晶屏幕，屏幕分辨率达到480×272像素，而且色彩鲜艳亮丽，显示效果一流；拥有介于

PS和PS2之间的3D多边形绘图能力，对应的曲面NURBS建模更是PS2所没有的功能，游戏画面达到了掌机游戏的新高度。

在家用游戏机方面，两家日企也竞争激烈，2006年11月11日，索尼推出了PS3游戏机。一开始PS3气势如虹，但没多久就被晚PS3几天发售的Wii给灭了。

索尼PS3游戏机 △

任天堂刚开始对这台发售后引发全球轰动的体感式游戏机非常低调。2005的E3展，任天堂首次公布了代号为“Revolution”的次世代主机计划，并展示了创新的体感操作方式，惊艳全场。2006年4月27日任天堂宣布新主机将取名为“Wii”，不久，任天堂在E3展上完整地展示了Wii的主机及操作，同时开放试玩，引起全世界的玩家及媒体的高度注目。

2006年11月19日，任天堂在美国率先推出了Wii游戏机，引发了比PS3更热烈且更长久的抢购热潮。Wii的硬件性能比Xbox360及PS3差了许多，但成本是三个之中最低的。而Wii最大的优势在于它独特的动作感应控制器Wii Remote，Wii能识别出使用Wii Remote的玩家所做出的动作，创造了一种全新的游戏方式。而Wii的这种全新的体感操作使得很多非传统玩家（女性和中老年人）都开始玩游戏机，让任天堂开创了全新的市场。

Wii游戏机 △

19 iPod，浓缩音乐的精华

在iPod之前，出现过各种各样的MP3播放器，但是iPod最终成为集大成者，即便在MP3已被智能手机取代的时代里，iPod仍然有它的市场。

iPod是一款苹果公司设计和销售的便携式多功能数字多媒体播放器。iPod系列中的产品都提供设计简单易用的用户界面，除iPod touch与第六、七代iPod nano外，皆由一环形滚轮操作。早期，大多数iPod产品使用内置的硬盘储存媒介，直到现在仅剩下iPod classic维持着这种储存方式，而iPod nano、iPod shuffle及iPod touch则早已采用闪存。因此，iPod也可以作为电脑的外置数据储存设备使用。

iPod容量高达10Gb~160Gb，可存放2 500~10 000首MP3歌曲，它还有完善的管理程序和创新的操作方式，外观也独具创意，是苹果公司少数能横跨PC和Mac平台的硬件产品之一，除了MP3播放，iPod还可以作为高速移动硬盘使用，可以显示联系人、日历和任务，以及阅读纯文本电子书和聆听Audible的有声电子书以及播客（Podcasts）。

苹果公司按iMac的命名方式，将数字音乐播放器命名为iPod。

第一代iPod的推出在当时引起了轰动，它不但漂亮，而且拥有独特和人性化的操作方式以及巨大的容量，iPod为MP3播放器带来了全新的思路，此后市场上类似的产品层出不穷，但iPod依然因为它的独特风格而一直受到追捧。

iPod shuffle △

第一代iPod于2001年10月23日发布，容量为5Gb，2002年3月21日新增10Gb版本iPod，两者都装备了苹果公司称为Scroll-Wheel的选曲盘，只需一个大拇指就能进行操作，10G的iPod还新增了20种均衡器设置，iPod使用带宽达400Mb/s的IEEE1394接口进行传输，配合Mac操作系统上的iTunes进行管理，这在当时是相当先进的设计，再加上iPod与众不同的外观设计，让它成为苹果公司打造的又一个神话。

iPod拥有丰富的产品线，iPod、iPod photo、iPod video、iPod mini、iPod classic、iPod shuffle、iPod nano、iPod touch、iPod U2特别版、哈利·波特iPod，等等。

2003年4月28日，随着苹果宣布发布第三代iPod，iTunes店也正式开通了。

iPod家族 △

苹果的iTunes音乐商店（iTunes Music Store）是为了推销iPod而建立的网络音乐销售商店，界面整合在iTunes播放软件中，使得透过网络购买有版权音乐档案的机制变得更便利。

除了iPod以外，没有任何其他的便携音乐播放器能播放在苹果iTunes音乐商店上销售的使用DRM加密技术的音乐文件。苹果电脑使用它们专有的FairPlay系统加密这些AAC音频文件，这种编码只允许授权的电脑（最多五台）才可以解密并播放它们。

史蒂夫·乔布斯认为这种限制只是为了增加iPod的销量，他说："我们希望（在iTunes音乐商店里）收支相抵或稍微亏一点，因为它始终不是赚钱的地方。"用户要绕开限制，可以先把受保护的文件刻录到非压缩的音乐CD，然后重新截取，并把音乐编码为不受保护的文件。这个过程很烦琐，而且每次转换会导致音频质量损失。

iTunes音乐商店至今售出了超过10亿首歌曲。

20 iPhone，重新定义手机

iPhone是结合照相手机、个人数码助理、媒体播放器以及无线通信设备的掌上智能手机，由史蒂夫·乔布斯在2007年1月9日举行的Macworld宣布推出，2007年6月29日在美国上市。iPhone是一部四频段的GSM制式手机，支持无线上网，支持电邮、移动通话、短信、网络浏览以及其他的无线通信服务。2007年6月29日，iPhone（即第一代iPhone）在美国上市，2008年7月11日，苹果公司推出3G版iPhone。2010年6月8日凌晨1点，乔布斯发布了iPhone4 。2011年10月5日凌晨，iPhone4S 发布。2012年9月13日凌晨（美国时间9月12日上午），iPhone5发布。

移动电话、宽屏iPod和上网装置——iPhone将三大功能集于一身，通过iPhone的多点触摸技术，手指轻点就能拨打电话、应用程序。还可以直接从网站拷贝、粘贴文字和图片。它同时是世界上第一台批量生产商业用途的使用电容屏的智能手机。iPhone的出现，冲击了包括诺基亚在内的传统手机产品，也让MP3、GPS、PAD等电子产品逐渐衰落甚至完全消失。

第一代iPhone △

iPhone包括了iPod的媒体播放功能和为移动设备修改后的Mac OS X操作系统，以及800万像素的摄像头（1代、2代为200万；3代为320万，支持自动对焦；4代提升到背照式500万；而2011年发布的4S提升到800万并采用2.4f大光圈）。此外，还配有重力感应器，iPhone4有三轴陀螺仪（三轴方向重力感应器），能依照用户水平或垂直的持用方式，自动调整屏幕显示方向。并且内置了光感器，支持根据当前光线强度调整屏幕亮度；内置了距离感应器，防止在接打电话时，耳朵误触屏幕引起的操作。2012年9月发布的iPhone4S更是加入了一个全新的拍照模式——全景模式，拍摄全景照片，全景照片可达2 800万像素。

iPhone大事记：

2007年6月29日，苹果公司在美国发布第一部iPhone。

2007年11月9日，iPhone在英国发布。

2007年11月29日，iPhone 在法国发布。

2008年2月5日，苹果公司发布iPhone 16Gb，以满足需要音乐和电影文件空间的用户。

2008年3月8日，操作系统命名为“iPhone OS”。

2008年6月9日，苹果公司宣布3G 版iPhone拥有更快的3G网络、GPS和App Store。

2008年7月11日，3G 版iPhone发布，当时最有力的竞争者是诺基亚N95和Palm（奔迈）Treo 750。

2008年7月14日，三天之内，App Store 上架800个应用，超过1亿次的下载。

2009年4月23日，App Store应用达到 3.5万个，超过10亿次下载。

2009年6月19日，iPhone 3GS 16Gb和32Gb版开始销售。

2010年6月24日，iPhone4开始销售。

2011年10月5日凌晨，iPhone4S发布，传言中的iPhone5并没有出现在发布会上。

2012年9月12日上午10点（北京时间9月13日凌晨1点），苹果公司在旧金山芳草地艺术中心召开发布会发布iPhone5。

……

iPhone5S

21 iPad，千般宠爱于一身

曾经有一种风靡一时的产品，叫作PDA，但是随着智能手机的出现，PDA消失了……

2010年苹果公司推出iPad，我们忽然发现，PDA竟然原地复活了！只是PDA变成了PAD。

PDA(Personal Digital Assistant，个人数字助理)是一种手持式电子设备，具有电子计算机的某些功能，可以用来管理个人信息，可以无线方式发送和接收数据，也可以上网浏览、收发电子邮件等，一般不配备键盘，PDA不仅仅是一种流动的电子秘书，也是一种股票顾问和通向全球的信息银行和通信的电子公路的网关。尽管PDA俗称为掌上型计算机，但“PDA”这个词的真正意义并不是计算机。之所以大家这么叫，其实是消费者一直在寻求一种拥有台式机计算能力的便携设备。智能手机的出现，实际上是结合了传统手机和PDA的一种新兴的科技产品。其不仅具备普通手机的全部功能，同时，其又像一部小型的电脑，为用户带来许多全新的体验和功能。智能手机的出现导致了PDA产品的消亡。

iPad △

iPad带来了转变，它是一款苹果公司于2010年发布的平板电脑，定位介于苹果的智能手机iPhone和笔记本电脑产品之间，通体只有四个按键(Home、Power、音量加减，还有一个重力感应与静音模式开关)。与iPhone布局一样，

iPad提供浏览互联网、收发电子邮件、观看电子书、播放音频或视频、玩游戏等功能。这是再次将PDA功能与手机功能分离，最大的区别只在于屏幕尺寸的变化以及硬件功能的提升。

2011年9月以来，有关苹果iOS设备的各种消息就纷至沓来。9月22日，苹果中国方面正式宣布，3G版的iPad 2正式上市。这份“大礼”来得有点迟，但是终归还是来了，对不少消费者而言，国内生产并销售的3G版iPad 2虽然价格优势不够明显，但是质保和售后却更有保障，还是值得一试的。

北京时间2012年3月8日，苹果公司在美国芳草地艺术中心发布了第三代iPad。苹果中国官网信息，苹果第三代iPad定名为“全新iPad”。

受到市场普遍期待的苹果新一代平板电脑“全新iPad”的外形与iPad 2相似，但电池容量增大，有三块4000mAh锂电池；芯片速度更快，使用A5X双核处理器；图形处理器功能增强，配四核GPU；并且在美国的售价将与iPad 2一样。

北京时间2012年10月24日凌晨1点,苹果公司举行新品发布会，出人意料地同时推出iPad Mini和iPad4两款平板电脑。第四代iPad配备了双核A6X处理器，苹果公司称，这一处理器将比老一代的A5X处理器性能提升两倍。iPad Mini：7.9英寸屏，分辨率1024×768，重0.68磅，大约为308g，厚度为7.2毫米。配备Lightning接口，10小时续航，黑白两种颜色，容量分为16Gb、32Gb、64Gb。

第五代iPad 2013年10月面世，iPad5更轻更薄。

……

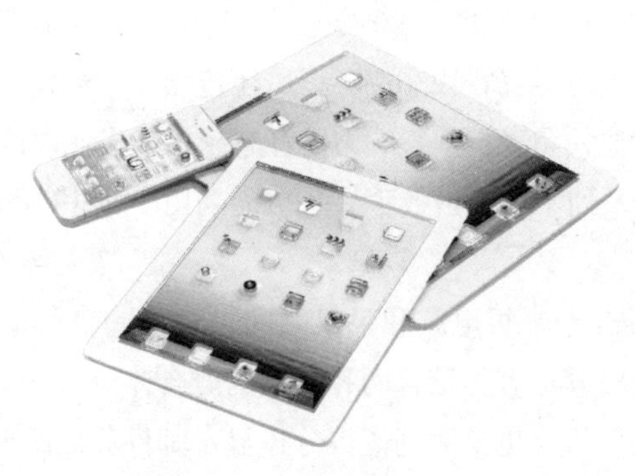

iPhone、iPad和iPad Mini △

22 Galaxy Note系列，三星的创新

2013年，日本DoCoMo公司高管在接受《华尔街日报》采访时表示：“我们需要先问问自己，从现在开始还会有多少用户因为iPhone而离开我们。虽然无论何时都会有转向iPhone 的用户，但如今事过境迁，iPhone已不再是智能手机之王。”

那么iPhone是被谁推下神坛的呢？尽管苹果iPhone风靡中国市场，但由于机型单一、价格较高、未与中国移动合作，以及中国3G网络普及较慢等原因，苹果在中国智能手机市场的份额正在被三星、华为和中兴抢占。此外，联想、小米等国内品牌也获得了消费者的青睐。

在国际市场，资金雄厚的三星集工程技术、制造优势和营销智慧于一身，打造出了足以在销量和吸引力两方面与苹果iPhone相抗衡的智能手机产品。三星已经成为苹果在全球智能手机市场最大的竞争对手。

三星集团是韩国最大的企业集团，业务涉及电子、金融、机械、化学等众多领域。

韩国三星电子成立于1969年，三星品牌价值108.5亿美元，世界排名25位，被《商务周刊》评选为世界上发展最快的高科技品牌，集团旗下三家企业进入美国《财富》世界500强行列，其中三星电子排名第59位，三星物产第115位，三星生命第236位。三星还连续多年被评为成长最快的品牌，日益成为行业领跑者，其影响力已经超越了很多业内传统巨头。

三星Galaxy系列手机是击败苹果手机的功臣，其中Galaxy Note系列非常有特色。

Galaxy Note介于平板电脑和手机之间，这是一个尺寸上的中间点。在功能上，可以将其形容为结合两者特点的融合体。Galaxy Note还是那种能塞进衣服里的手机，也是大到值得分栏显示邮件界面的平板。

Galaxy Note手机的国际口号为："Phone? Tablet? It's Galaxy Note!"香港的中文口号是："写随心，意随行，就是Galaxy Note!"而台湾的中文口号是："超越手机与平板，跨界新旗舰，就是Galaxy Note!"

2011年11月10日，三星电子在上海世博中心发布了一款跨界旗舰智能手机三星Galaxy Note。这是一款采用5.3英寸屏幕的双核手机，屏幕采用了先进的HD Super AMOLED材质，并且搭载了强悍的1.4GHz双核心处理器以及1Gb超大内存，保证Galaxy Note流畅运行。

Galaxy NoteⅡ △

2012年推出的Galaxy NoteⅡ机身厚度9.4毫米，配备5.5英寸HD Super AMOLED触摸屏（16：9），分辨率为1280×720像素，搭载了1.6GHz的Exynos 4412四核处理器，同时内存容量提升至2Gb，而用户有16Gb、32Gb和64Gb三种存储空间版本可选择（支持可扩展存储卡）。

当然了，三星还为该机提供了手写笔，而且该笔更加修长，笔身上还有着一个按钮，长按该按钮并点击屏幕即可完成截图，相比于传统的组合按键截屏更易于操作。同时新增了浮窗预览、快速笔记、S Note效率工具等非常实用的功能。

作为Note创新家族的成员，2013年9月4日晚，三星Galaxy NoteⅢ在德国柏林正式发布。

Galaxy NoteⅢ ▷

23 不动声色电池满满：无线充电

走下手机神坛的诺基亚也并没有停止创新的脚步，除了积极推动win8手机之外，还在自家多款手机上运用了最新的无线充电技术，也许这会是未来诺基亚再次复兴的曙光。

无线充电技术源于无线电力输送技术，是利用磁共振在充电器与设备之间的空气中传输电能，线圈和电容器则在充电器与设备之间形成共振，从而实现电能高效传输的技术。

麻省理工学院的研究团队在2007年6月7日美国《科学》杂志的网站上发表了他们的研究成果。研究小组把共振运用到电磁波的传输上而成功“抓住”了电磁波。他们利用铜制线圈作为电磁共振器，一团线圈附在传送电力方，另一团在接受电力方。当传送方送出某特定频率的电磁波后，经过电磁场扩散到接受方，电力就实现了无线传导。这项被他们称为“无线电力”的技术经过多次试验，已经能成功为一个两米外的60瓦灯泡供电。这项技术的最远输电距离还只能达到2.7米，但研究者相信，电源已经可以在这个范围内为电池充电。而且只需要安装一个电源，就可以为整个屋里的电器供电。

诺基亚智能手机 △

从理论上讲，无线充电技术对人体安全无害处，无线充电使用的共振原理是磁场共振，只在以同一频率共振的线圈之间传输，而其他装置无法接受波段，另外，无线充电技术使用的磁场本身就是对人体无害的。但无线充电技术毕竟是新型的充电技术，很多人都会像当初WiFi和手机天线杆刚出现时一样，担忧其会有辐射危害，其实技术本身是无害的。

诺基亚Lumia 920和Lumia 820（借助充电外壳）就是首批支持这一功能的智能手机。

诺基亚无线充电设备选择多多：无线充电托盘、无线充电支架、Fatboy(小胖仔)无线充电枕头，以及JBL PowerUp 无线充电音箱。只要将手机放在以上任意一款设备上，就能开始自动充电，过程非常简单。

为了让诺基亚的无线充电设备比其他厂商的同类产品更加好用，经过努力，工程师已将无线充电托盘的有效充电区域面积扩大至80%以上，这样用户就无须担心手机的位置放得是否到位，从而影响到充电效果。

诺基亚的无线充电设备都采用了由无线充电联盟制定的并在全球有超过100家公司使用的 Qi 标准。这样有了统一的接口，无线充电就能普及到世界各地。基于目前的合作伙伴协议，诺基亚已将无线充电覆盖到英国维珍航空候机厅和“香啡缤”咖啡店，为顾客们提供充分的便利。

诺基亚的设计以人为本，根据使用场合和人们使用习惯的不同，开发出多种充电设置。无线充电托盘比较标准，实用性强，而充电枕头则是针对那些追求新奇感的“潮人”们；充电支架适合边充着电边打视频电话或边玩应用的人，比如想好好听手机音乐而不想考虑电量够不够，那JBL PowerUp 充电音箱就最合适不过了。

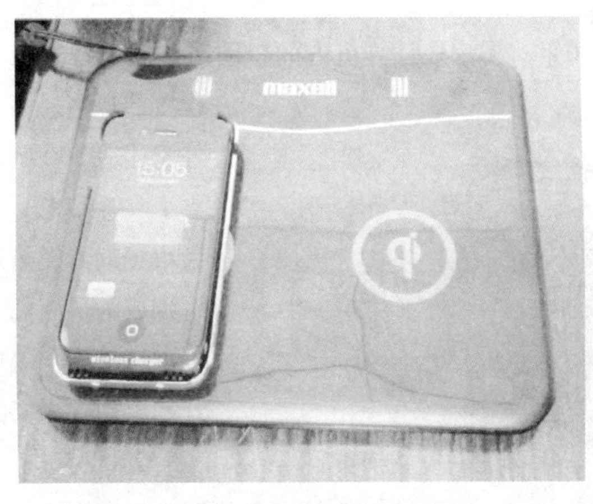

诺基亚无线充电装置 △

24 别了柯达，数码相机的大跃进

2011年10月1日凌晨，美国当地时间周五，“拥有131年历史的相机制造商伊斯曼-柯达公司（EK）可能提交破产保护申请”的消息传出，美国股市盘中柯达股票一度暴跌68%，创下该公司自1974年以来最大的单日跌幅。

柯达早在1976年就开发出了数字相机技术，并将数字影像技术用于航天领域。1991年柯达就有了130万像素的数字相机，但是到2000年，柯达的数字产品只卖到30亿美元，仅占其总收入的22%。2002年，柯达的产品数字化率也只有25%左右。2000—2003年，尽管柯达各部门的销售业绩只是微小波动，但销售利润下降却十分明显，尤其是影像部门呈现出急剧下降的趋势。具体表现在：柯达传统影像部门的销售利润从2000年的143亿美元，锐减至2003年的41.8亿美元，跌幅达到71%！在拍照从“胶卷时代”进入“数字时代”之后，昔日影像王国的辉煌也似乎随着胶卷的失宠，而不复存在。

进入2000年，无论在计算机方面，还是存储设备方面，都有了很大程度的提高。因此数码相机的像素也在200万的基础之上，再上一个高楼。300万像素成为市场的开发热点。而变焦镜头则成为厂商们关注的又一对象。10倍光学变焦的数码相机开始出现在人们的视线中。

尼康CoolPix 990 △

2000年1月，尼康CoolPix 990和奥林巴斯CAMEMIA

C-3030Z几乎同时推出，标志着300万像素数码相机逐渐成为市场的当家花旦。

2000年2月，海鸥发布中国第一代国产数码相机DSC-1100。

2002年，奥林巴斯推出C-40 Zoom，作为世界上首款最小的400万像素数码相机，它不仅是一款最小巧的机型，而且在当时的数码相机市场上技术含量也属最高，为时尚数码相机小型化发展迈出了坚实的一步。

2003年，索尼F-717可能是国人再熟悉不过的一款数码相机了，2002年2月推出以后，曾一度成为数码相机店招牌上数码相机的典型形象。银色高雅的外表、旋转机身设计、大口径卡尔·蔡司5倍光变镜头、500万像素，这些领先于竞争对手的指标使得F-717获得500万像素机皇的美誉。

2003年10月，索尼将具有靓丽外形的卡片式数码相机T1带到人们面前，其超薄精致的外形瞬时吸引了无数人的眼球，新颖的滑盖设计令相机的开启与关闭颇具时尚感。3倍卡尔·蔡司潜望式镜头带来优良的影像质量，感光元件采用1/2.4英寸、500万像素的CCD传感器，感光度最高可设定为ISO400。

2004年，消费级数码相机全面进入800万像素年代，这一年，各大数码相机厂商纷纷推出了800万像素的高端旗舰产品。佳能PowerShot Pro1、尼康CooLPix 8700、奥林巴斯C-8080、美能达A1、索尼F828都是其中的佼佼者、代表作。在这一年，第一款采用CCD防抖的数码相机——柯尼卡美能达X1诞生！直到现在，高像素、大屏幕、防抖已经成为主流时尚数码相机的重要衡量标准。

2005年之后，以佳能、尼康、索尼、富士、奥林巴斯等为代表的数码相机企业推出了丰富多彩的数码相机产品，胶卷相机基本上彻底退出了民用相机的历史舞台。

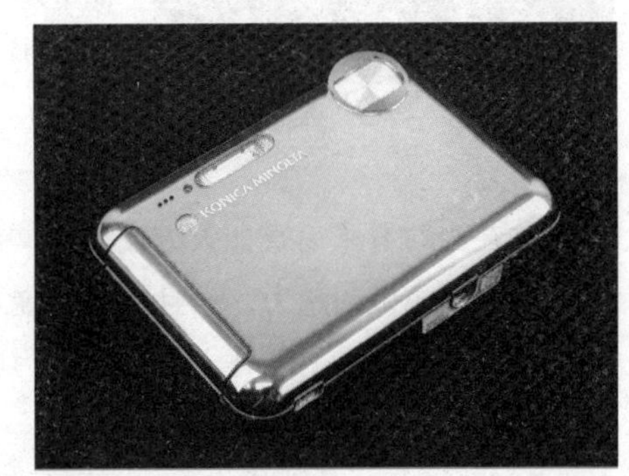

柯尼卡美能达X1 △

25 摄影穷三代，单反毁一生

在高端摄影方面，21世纪初，数码摄像由于技术限制，在分辨率、色彩深度等方面存在不足，还是无法完全取代胶片相机，但是随着技术的发展，不到十年的时间，高端单反数码相机的飞速发展，还是让这一时刻到来了。

在单反数码相机领域，1999年也有了全新的看点。尼康发布了首款自行研制的单反数码相机D1，这款相机的问世让消费者对于单反数码相机有了全新的认识，也引发了最早的单反数码相机竞争。

尼康D1 △

为了彻底超越尼康D1所营造的高性能神话，佳能在2001年9月推出了专用于快速拍摄用途的EOS 1D，从而在速度和技术指标上全面压过了尼康D1，成就了单反数码相机领域的新一代传奇。

佳能EOS 1D配备了400万像素CMOS，感光度为ISO100~1 600，和尼康D1一样，也采用CF Ⅰ/Ⅱ型存储卡作为存储介质，同时支持微硬盘，当时售价为7 000美元。

这在当时看来简直如天方夜谭一样的机型，让消费者进一步认识到了单反数码相机的魅力，而且也为佳能成为众多专业比赛的特别摄影器材支持提供了优异的条件。这也给今后的佳能专业单反数码相机奠定了强大的技术基础。

2003年8月，佳能推出了全新单反数码相机EOS 300D，售价首次低于1 000美元，轰动整个数码相机领域，也成功推动了单反数码相机平民化发展的进程。

这款EOS 300D采用了塑料机身，整合了EOS 10D惯用的APS-C画幅CMOS图像传感器，最高像素为600万，感光度为ISO100~1600，采用CF卡作为存储介质。在数月后，佳能推出了黑色版300D，销量暴涨，创下单反数码相机销售的历史新高，也在当年为佳能的数码相机部门增加了一笔可观的业绩。

2003年，奥林巴斯联合柯达、富士两家公司，推出了专为数码影像打造的全新概念的“4/3系统”单反数码相机E-1。4/3系统规定了CCD图像传感器的面积、大小尺寸，CCD与镜头卡口之间的距离以及镜头卡口的直径。因此，只要是采用这一系统的单反数码相机都能轻松做到镜头相互兼容，这在以前的产品中绝对是不可想象的。

2004年，尼康全面上市了它的第一款平民单反数码相机D70，成为佳能300D在市场上的最大竞争对手。

佳能在2005年3月全面推出了300D的后续机型350D。这款机型采用了2004年底推出的EOS 20D相同的800万像素CMOS图像传感器，以及与20D相同的佳能第二代图像处理器，连拍速度达到了3张/秒。2005年一片低价单反的呼声中，佳能还推出了全球首款价格低于30 000元人民币的全幅准专业单反数码相机——EOS 5D。这款机型采用了1280万像素CMOS，功能专业全面，再一次挑战了全幅单反数码相机的价格底线。

佳能5DⅢ △

此后，单反相机主要由尼康、佳能、索尼、宾得几家企业主宰，推出了诸如尼康D90、佳能5D系列、索尼a900等诸多长期畅销的经典机型。

2013年，市场最关注的单反相机是：佳能700D、尼康D5200，佳能60D、尼康D7100，佳能5DⅢ、尼康D800。

26 CCD对决CMOS

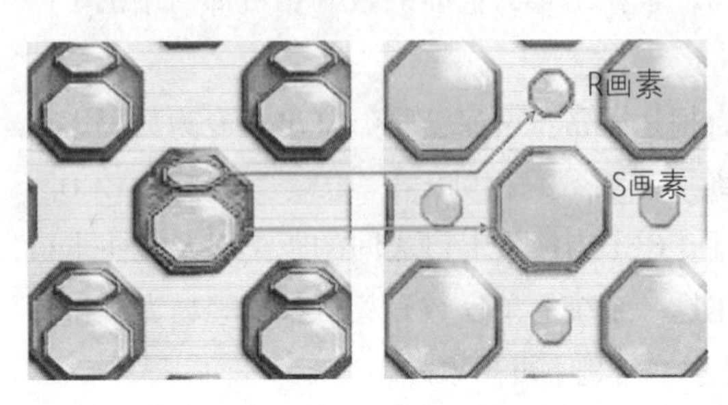

富士SUPER CCD感光元件 △

数码相机的感光元件对于成像效果起着关键作用，所以一直是摄影爱好者们研讨的话题。纵观21世纪初各大相机厂商的动态：适马公司在单反数码相机方面依旧沿用著名的Foveon X3三层CMOS技术；佳能挖空心思忙着加大自己开发的大幅面CMOS感光元件的更新与生产；富士还雄心勃勃地走在SUPER CCD的老路上；奥林巴斯与柯达只对自己的4/3英寸CCD规格感兴趣；索尼搞了个四原色CCD技术出来；松下依旧走着自己开发CCD的路线。

早期数码相机大多采用CCD作为感光元件，采用CMOS的相机成像质量都不是很高。

像素是在影像感应器上将光信号转变成电信号的基本工作单位，以CMOS感应器的像素为例，它包含了一个光电二极管，用来产生与入射光成比例的电荷，同时它也包含了其他一些电子元件，以提供缓存转换和复位功能。当每个像素上的电容所积累的电荷达到一定数量并被传送给信号放大器再通过数模转换之后，所拍摄影像的原始信号才得以真正显现。比如，一台数码相机的最高分辨率为3 264×2 448，意味着它拥有的影像感应器会有7 990 272个像素点。

CCD（Charge Coupled Device）中文名字叫电荷耦合器，是一种特殊的半导体材料。它由大量独立的光敏元件组成，这些光敏元件通常是按矩阵排列的。光线透过镜头照射到CCD上，并被转换成电荷，每个元件上的电荷量取决于它所受到的光照强度。当你按动快门，CCD将各个元件的信息传送到模/数转换器上，模拟电信号经过模/数转换器处理后变成数字信号，数字信号以一定格式压缩后存入缓存内，此时一张数码照片诞生了。然后，图像数据根据不同的需要以数字信号和视频信号的方式输出。

CCD ▲

CMOS即互补金属氧化物半导体，它在微处理器、闪存和ASIC（特定用途集成电路）的半导体技术上占有绝对重要的地位。CMOS和CCD一样都是可用来感受光线变化的半导体。CMOS主要是利用硅和锗这两种元素做成的半导体，通过CMOS上带负电和带正电的晶体管来实现基本的功能。这两个互补效应所产生的电流即可被处理芯片记录和解读成影像。

CMOS ▲

CMOS相比CCD最主要的优势就是非常省电。CMOS 电路几乎没有静态电量消耗，只有在电路接通时才有电量消耗。这就使得CMOS的耗电量只有普通CCD的1/3左右。目前CMOS主要问题是在处理快速变化的影像时，由于电流变化过于频繁而过热，暗电流抑制得好就问题不大，如果抑制得不好就容易出现杂点。

CMOS与CCD的图像数据扫描方法有很大的差别。例如一台数码相机的分辨率为300万像素，那么CCD传感器是连续扫描300万个电荷，并且在最后一个电荷扫描完成之后才能将信号放大。而CMOS传感器的每个像素都有一个将电荷转化为电子信号的放大器。因此，CMOS传感器可以在每个像素基础上进行信号放大，采用这种方法可进行快速数据扫描。

到21世纪10年代以后，CMOS随着技术的创新与成熟和价格方面的优势，成为主流感光元件。

27
混血儿最优秀：微单相机

微单包含两个意思：微，微型小巧；单，可更换式单镜头相机。也就是说这个词是表示了这种相机有小巧的体积和单反一般的画质。即微型小巧且具有单反功能的相机称为微单相机。

微单相机介于卡片式数码相机与单反相机之间，如同笔记本电脑与智能手机之间出现了上网本一样。

普通的卡片式数码相机很时尚，但受制于光圈和镜头尺寸，总有些美景无法拍摄；而专业的单反相机过于笨重。于是，博采两者之长，微单相机应运而生。

在索尼推出“微单相机”之前，奥林巴斯、松下、三星等消费电子巨头已经推出了相关产品。与索尼命名“微单”不同，奥林巴斯、松下、三星等把这类相机称为“微型单电相机”。尽管叫法有所区别，但“微单”可以涵盖微型和单反两层含义：相机微型、小巧、便携，还可以像单反相机一样更换镜头，并提供和单反相机同样的画质。

在民间，通常约定俗成地把体积小于单反，同时可换镜头的相机称为微单相机。

微单相机的优点包括：口袋机大小，专业机性能。在“卡片之薄，单反之用”的理想下成就的“单电”类相机在市场上大放异彩，它填补了“需要备用机的职业摄影师”和“需要轻便机型的摄影爱好者”这两大用户群体对数码相机的潜在需求的空白。通过高素质镜头群以及组件的支持，单电相机和微单相机实现了比准专业数码相机更出色的画质。同时，单电相机兼具数码相机的强大的功能可拓展性，比如艺术滤镜、高清视频等功能；实时相位检测自动对焦，无须抬起的半透镜，避免了单反在由于反光镜抬升和下降所造成的振动，保证了相机的连拍优势和弱光环境下更小的机震；由于将一部分光路反射到AF传感器上，无论连拍还是视频拍摄，都能做到实时相位检测自动对焦；通过电子取景器，能预览曝光补偿、直方图、白平衡效果，按快门之前就能知道拍出来的照片是什么样，非常方便，能大大提高拍摄成功率、减少回放次数。单电相机如果关闭所有信息显示，也能得到纯净如五棱镜取景器的效果。

单电和微单在带来进步的同时，也存在一些问题：一是显像滞后性，这是因为这类相机的显像需要经过两次互逆的信号转换，外加电路传递也需要时间，虽然这种滞后性十分细微，很难察觉，但对于一位优秀的摄影师而言，做到精确取景是非常重要的，所以目前大多数摄影师更偏爱单反。二是耗电量较大，单电和微单采用电子取景系统，这会带来更大的耗电量，虽然制造商会考虑到这一点，并相应地采取一些措施，但是电池的扩容无疑会带来整机重量的上升，况且在环保的理念下，人们也更愿意选择节能的方式进行摄影创作。

目前热卖的单电和微单相机主要有奥林巴斯及松下的M4/3系统E-M5、GX1及索尼的NEX系列NEX-7。除了这三大厂商外，三星也有自己的NX系列，尼康有J系列和V系列，佳能有EOS-M系列，富士有X系列。

索尼NEX5 △

佳能EOS △

三维立体摄影是指表现景物三维空间的一种摄影方法。通过摄制两幅不同视点的影像，各由相应眼睛观看，以模拟三维效果。拍摄工具有标准型立体照相机，也有在单镜头相机上装配立体附加镜；普通照相机运用左右移动的方法也能拍摄。

立体数码相机是一种用来记录立体图像的数码相机。这种相机是由两套相同规格的数码相机组成，两摄像镜头平行相距6~15厘米，方向分别对准1~5米远的目标。两数码相机的调焦、变焦、感光等参数由一套控制电路实施控制，快门连线并接起来。拍下的左右两幅照片通过电脑软件组对，在电脑屏幕上以超过人眼视觉暂留的频率交替显示，再通过与电脑同步的3D电子液晶眼镜控制视线，使左右两眼分别观看对应的左右两幅照片，其效果就像两只眼睛直接观看被摄场景一样，在大脑的合成下，能够分辨出前后距离的差别，感受到身临其境的立体效果。

立体数码相机的成像非常简单，拍出的照片下载时在立体合成软件配合下，一次就能生成供3D液晶眼镜、互补色眼镜和光栅观看的立体图片，还有用于光栅打印的图片文件，以及直接提供SHARP等立体液晶显示器观看的立体照片信息。该立体数码相机除了拍立体照片外，仍具备普通数码相机功能，如摄像功能（立体摄像视频合成软件正在开发中，不会再增加硬件）、摄像头功能（立体视频摄像头）等，它还加有记忆卡插口，可以扩展储存容量，也可以作为移动存储设备使用。作为普通相机使用，它就是两台相机，除了增加了容量，还可作为后备，在关键时刻，能够确保无误。

立体相机的用途是：需用普通相机的地方，立体相机都可以使用。立体相机用两个镜头记录，就像人用两只眼睛比一只眼睛看得真切一样，立体相机的拍摄效果更逼真。

富士W1是全球首款具有3D照相、摄像功能的相机。该相机配有两个内置富士龙3倍光学变焦镜头和两个CCD，各具备1 000万像素分辨率，是FinePix REAL 3D W1图像拍摄系统硬件平台的重要组成部分。

富士W1 △

双镜头或许是现在3D摄像机的主流，可单镜头或许更能被大众所接受。索尼的3D摄像机采用的是单镜头设计。主要是因为其在机器的后方有个装置可以将从镜头接收到的影像分为左右两个区域，从而模拟左右双眼达到3D成像的效果。

索尼的单镜头3D摄像机，能够以240帧/秒记录自然平滑的3D影像。该项技术结合了为单镜头3D摄影新开发的可同时捕捉左侧和右侧图像的光学系统，以及现有的高帧率记录技术来实现240帧/秒3D摄影。

3D摄像机 △

在视觉技术这个领域，如果能够普及立体图像，这一定是个划时代的进步。此外，栩栩如生的立体画面，能让人产生惊叹的感觉。有这些因素，若加以宣传，很容易产生轰动效应，这对打开市场也是很有利的。

29 客厅革命：智能电视

电视机将逐渐发展成为一个开放的业务承载平台，成为用户家庭智能娱乐终端。与此同时，家电厂家正在从“硬件”盈利模式向“硬件+内容+服务”盈利模式转变，改变原来一次性销售的盈利模式。在三网融合的大环境下，基于开放软件平台的智能电视机将成为三网融合的重要载体，担当家庭多媒体信息平台的重任。

智能电视的到来，顺应了电视机“高清化”“网络化”“智能化”的趋势。在电脑早就智能化，手机和平板也在大面积智能化的情况下，电视这一块屏幕不会逃过IT巨头的法眼，一定也会走向智能化。三星彩电营销部长李明旭曾表示，所谓真正的智能电视，应该具备能从网络、AV设备、电脑等多种渠道获得节目内容，通过简单易用的整合式操作界面简易操作，将消费者最需要的内容在大屏幕上清晰地展现。

三星智能电视

国外IT巨头们推出的智能电视，拥有传统电视厂商所不具备的应用平台优势。智能电视将实现网络搜索、IP电视、BBTV网视通、视频点播

(VOD)、数字音乐、网络新闻、网络视频电话等各种应用服务。电视机正在成为继计算机、手机之后的第三种信息访问终端，用户可随时访问自己需要的信息；电视机也将成为一种智能设备，实现电视、网络和程序之间跨平台搜索；智能电视还将是一个“娱乐中心”。

在国内，各大彩电巨头也早已经开始了对智能电视的探索。另外“E乐宝”等智能电视盒生产厂家也紧随其后，以电视盒搭载安卓系统的方式来实现电视智能化提升。连接网络后，能提供IE浏览器、全高清3D体感游戏、视频通话、家庭KTV以及教育在线等多种娱乐、资讯、学习资源，并可以无限拓展，还能分别支持组织与个人、专业和业余软件爱好者自主开发、共同分享数以万计的实用功能软件。

智能电视是指像智能手机一样，具有全开放式平台，搭载了操作系统，可以由用户自行安装和卸载软件、游戏等第三方服务商提供的程序，通过此类程序来不断对彩电的功能进行扩充，并可以通过网线、无线网络来实现上网冲浪的这样一类彩电的总称。

智能电视首先意味着硬件技术的升级和革命，只有配备了业界领先的高配置、高性能芯片，才能顺畅运行大型3D体感游戏和各种软件程序。

其次，智能电视意味着软件内容技术的革命，智能电视必然是一款具有可定制功能的电视。

第三，智能电视还是不断成长、与时俱进的全新一代电视。智能电视最重要的就是必须搭载全开放式平台，只有通过全开放平台，才能广泛发动消费者积极参与彩电的功能制定，才能实现彩电的“需求定制化”、“彩电娱乐化”，才是解决彩电智能化发展的唯一有效途径。

厨房里的智能电视 △

总的来说，智能电视是一个开放的平台，开发者可以开发很多应用，可加载“无限的内容、无限的应用”，它的发展前景还是比较宽广的。

30 机器人，还只是玩具

机器人是自动控制机器（Robot）的俗称，自动控制机器包括一切模拟人类行为或思想及模拟其他生物的机械（如机器狗、机器猫等）。狭义上对机器人的定义还有很多分类法及争议，有些电脑程序甚至也被称为机器人。在当代工业中，机器人指能自动执行任务的人造机器装置，用以取代或协助人类工作。

理想中的高仿真机器人是高级整合控制论、机械电子、计算机与人工智能、材料学和仿生学的产物，目前科学界正在向此方向研究开发。这样的机器人常见于科幻作品中，而现实中的高级机器人还停留在玩具阶段。

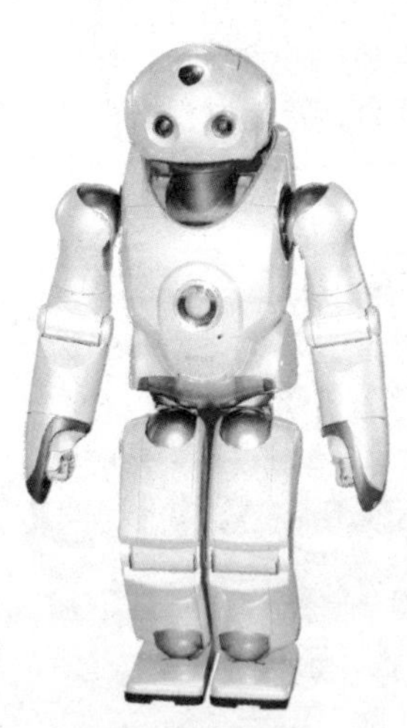
索尼QRIO机器人 △

现今，对人类来说，太脏、太累、太危险、太精细、太粗重或太反复无聊的工作，常常由机器人代劳。从事制造业的工厂里的生产线就应用了很多工业机器人，其他应用领域还包括：射出成型业、建筑业、石油钻探、矿石开采、太空探索、水下探索、毒害物质清理、搜救、医学、军事领域等。

1999年日本索尼公司推出犬型机器人爱宝（AIBO），当即销售一空，从此娱乐机器人成为目前机器人迈进普通家庭的途径之一。

日本是世界上第一台类人娱乐机器人的产地。2000年，本田公司发布了ASIMO，这是世界上第一台可遥控、有两条腿、会行动的机器人。

2003年，索尼公司推出了QRIO，它可以漫步、跳舞，甚至可以指挥一个小型乐队。

日本本田公司研制的仿人机器人ASIMO，是目前最先进的仿人行走机器人。ASIMO身高1.3米，体重48千克，它的行走速度是每小时0~9千米。早期的机器人如果直线行走时突然转向，必须先停下来，看起来比较笨拙。而ASIMO就灵活得多，它可以实时预测下一个动作并提前改变重心，因此可以行走自如，进行诸如“8”字形行走、下台阶、弯腰等各项“复杂”动作。此外，ASIMO还可以握手、挥手，甚至可以随着音乐翩翩起舞。

QRIO为日本索尼公司研发的机器人，是一款集科技与娱乐于一身的梦幻机器人；身高58厘米，体重7千克，在多达38个可转动关节下，不仅可跳舞、唱歌、踢足球，更可即时调整姿势来适应各种环境；透过记录声音与脸部特征，具有辨识的功能，可与人进行即时互动。

吸尘器机器人Roomba △

2002年，美国iRobot公司推出了吸尘器机器人Roomba，它能避开障碍，自动设计行进路线，还能在电量不足时，自动驶向充电座。Roomba是目前世界上销量最大、最商业化的家用机器人。iRobot机器人吸尘器拥有三段式清扫和iAdapt专利技术，可以自动检测房间的布局，并自动规划打扫路径；能吸取房间的灰尘微粒，清扫房间的宠物毛发、瓜子壳和食物残渣等房间垃圾；能定时清扫，在主人不在家的时候，iRobot机器人吸尘器照样可以清扫；iRobot机器人高9.2厘米，可以清扫到床下和沙发下的垃圾。

2006年6月，微软公司推出Microsoft Robotics Studio，机器人模块化、平台统一化的趋势越来越明显，比尔·盖茨预言，家用机器人很快将席卷全球。

七　明日科技

幸运的人们：我们的时代将是后无来者的，未来的技术将会受到我们这个宇宙中诸多物理定律的限制，不可能无限增长，在遥远的未来，我们的时代将像大航海时代那样被永远赞颂，但这之前，我们还有一段高速路要走。

2013年6月17日，全球超级计算机500强排行榜榜单公布，中国国防科学技术大学研制的“天河二号”以每秒33.86千万亿次的浮点运算速度，成为全球最快的超级计算机。这是时隔两年半后，中国再一次获得世界超级计算机运算速度第一的桂冠。时至今日，计算机早已成为进入千家万户和厂矿、学校等的日常工具，大众对其并不陌生。然而什么是超级计算机?

其实，超级计算机的基本组成与你我手中的个人电脑相比并无太大差异，但规格与性能则强大得多。以处理器CPU为例，目前的个人电脑一般是两到四核，而像“天河二号”这样的超级计算机则会集成数以万计的CPU。这就好比双人战斗小组和集团军的区别，前者灵活机动，用于完成各种个性化小任务；后者威武雄壮，用于达成各类关系重大的战略目标。

“天河二号”超级计算机 △

在超级计算机超级运算速度下，人们可以完成普通计算机不能完成的大型复杂课题。假设每人每秒进行1次运算，需要我国13亿人同时用计算器算上1 000年才能完成的运算工作，“天河二号”仅花上1小时就能搞定。

“天河二号”的性能在全世界超级计算机中可以称得上是“一骑绝尘”，它把第二名远远地抛在了后面。标准测试显示，“天河二号”运算速度比排行榜上的亚军——美国的“泰坦”快了74%。美国田纳西大学教授杰克·唐加拉表示：“‘天河二号’颇富中国特色，互联网络、操作系统、前端处理器、软件等都主要由中国技术人员发明创造。”

“一骑绝尘”的“天河二号”是中国人的骄傲，但这种骄傲里也不乏遗憾：“天河二号”的计算阵列由国际商用CPU构建，服务阵列由中国自主研制的CPU“飞腾1500”构建，国产CPU仅仅占全部CPU的1/8。

“中国创造”在“天河二号”上比比皆是，涌现了多个国际领先和国际先进——基于自主通信接口芯片和互连交换芯片设计实现了光电混合的自主定制高速互联系统，性能是当前国际上最先进的商用互联系统的2倍；继续保持国际领先地位；采用综合化的能耗控制机制，能效比进入国际先进行列……以高密度、高精度结构工艺为例，“天河二号”共170个机柜，占地面积与“天河一号”基本相同，但性能却是它的11.6倍。与此前排名世界第一的美国“泰坦”系统相比，占地面积是它的85%，性能却是它的两倍。

“天河”计算机机柜 △

2010年，我国研制的首台千万亿次超级计算机“天河一号”曾在全球TOP 500超级大型计算机排行榜中排名第一，但在2011年被日本研发的超级计算机“京”超越了。到了2012年，美国的“泰坦”又超越了日本的“京”。“天河二号”研制成功后，中国还将在2015年研制出十亿亿次超级计算机，2020年前后研制出百亿亿次计算机。可见，超级计算机的发展和激烈竞争还将不断持续下去。

2 在它面前超级计算机就是算盘

量子计算机概念图 ⚠

中科院院士、中科院量子信息重点实验室主任郭光灿说过：“电子计算机出现的时候，人类之前赖以使用的运算工具算盘就显得奇慢无比。与此类似，在量子计算机面前，电子计算机就是一个不折不扣的算盘。”

当然，以上只是一个形象的类比，如何具体量化描述量子计算机的运算能力呢？1994年，人们采用1 600台性能强劲的工作站微型计算机实施经典的运算花了8个月将数长为129位的大数成功地分解成两个素数相乘。若采用一台量子计算机，则1秒钟就可以破解。随着数的长度的增大，电子计算机所需的时间将以指数级增加，例如数长为1 000位，分解它所需时间比宇宙年龄还长；而量子计算机所需时间是以多项式增长，所以仍然可以很快破解。

量子计算机将掀起一场划时代的科学革命。由于其强大的计算能力，可以解决电子计算机难以或不能解决的某些问题，为人类提供一种性能强大的新型模式的运算工具，大大增强人类分析、解决问题的能力，将全方位大幅推进各领域研究。人类一旦掌握了这种强大的运算工具，人类文明将发展到崭新的时代。

鉴于量子计算机的强大功能和特殊重大的战略意义，近20年来，相关领域的科学家纷纷投入研制工作，虽然面临重重技术障碍，但取得了一些重要进展，证实了研制出量子计算机不存在无法逾越的困难。作为量子计算机的核心部件，量子芯片的开发与研制成为美国、日本等国角逐的重中之重。

美国量子芯片研究计划被命名为“微型曼哈顿计划”，可见美国已经把该计划提高到几乎与第二次世界大战时期研制原子弹的“曼哈顿计划”相当的高度。鉴于量子芯片在下一代产业和国家安全等方面的重要性，美国国防部先进研究项目局负责人泰特在向美国众议院军事委员会报告时，把半导体量子芯片科技列为未来九大战略研究计划的第二位，并投巨资启动“微型曼哈顿计划”，集中了包括英特尔、IBM等半导体界巨头以及哈佛大学、普林斯顿大学、桑迪亚国家实验室等著名研究机构，组织各部门跨学科统筹攻关。在此刺激下，日本也紧随其后启动类似计划，引发了新一轮关于量子计算技术的国际竞争。

量子计算机芯片 △

我国在中科院、科技部、教育部和基金委的长期支持下，潘建伟团队对光学量子计算开展了系统性和战略性的研究，取得了一系列开创性的成果：2007年在世界上首次用光量子计算机实现大数分解量子肖尔算法、2008年首次实现量子容失编码、2009年首次量子模拟任意子的分数统计、2010年首次实现可容错光子逻辑门、2011年首次实现非簇态的单向量子计算、2012年首次实现拓扑量子纠错、2013年首次实现线性方程组量子算法。上述成果被BBC、新科学家杂志等国际媒体广泛报道，标志着我国在光学量子计算领域保持着国际领先地位。

3 人脑直连电脑：思维控制

脑波放大器可以使麻痹患者与世界互动，但这种技术很难让人理解。因此，脑波放大器制造商G.tech公司又提出新的市场战略：不久后人类仅通过思想就可以与电脑互动。

美国科学家近日研发出“人脑联机”设备，使人脑控制电脑的技术成为现实，人们甚至可以通过思想活动玩电脑游戏，诸如：操控鼠标指针、运行简单的小游戏、调节照片的亮度等。

意念控制游戏机 △

日前，美国科学家声称，一种仪器能够让人们通过大脑意识操作电脑游戏，这将为闭锁综合征患者带来一个崭新的世界。该仪器能让人们通过大脑意识移动计算机屏幕上的鼠标，并能完成让图像亮度变化的操作，这将实现通过意识控制一些简单的电脑游戏，并最终使大脑受损者与外界实现沟通与联系。

这个项目的研究团队由美国加利福尼亚大学和加州理工学院的科学家组成。他们招募了12位患有癫痫病的研究志愿者，这些病人为控制病情都在脑中植入了监控神经活动的传感器。

通过训练，志愿者尝试对脑中的神经末梢和神经元进行有意识的控制，仅用思想开启或关闭某个神经末梢或神经元。传感器捕捉到的这些思维信号最终将被转化为电脑中的命令。科学家称，这项研究表明，人能够有意识地对大脑深处的神经元进行快速、主动的控制。

据悉，这支研究小组对大脑内颞叶进行了深入分析，该大脑区域位于大脑左侧，对人类记忆和感情具有重要作用。在记录大脑活动性之际，接受实验的癫痫患者浏览了100张电脑照片，并告诉研究人员他们对哪些照片颇感兴趣。研究人员的实验目的是发现癫痫患者大脑中具有最强交互表达能力的四个区域，然后基于这些最敏感的大脑神经区域，人们可以控制计算机鼠标指针，或者调控不同图像的亮度。

通过这项技术，目前志愿者已经可以控制电脑屏幕中光标的移动，以及图片的亮度调节，这足以实现单纯依靠大脑活动玩一些简单的电脑游戏，而有意识却不能表达的昏迷病人也将能够用电脑与人沟通。

2013年，在德国汉诺威国际信息及通信技术博览会上，G.tech公司还展示了一项应用，可以使用户通过思维控制电脑作画。使用这种技术需要佩戴一个插满电极的帽子。如果用户能够接受谷歌眼镜，那么戴这种帽子也不会觉得很奇怪。此外，该系统还可以让用户选择作画时使用的工具。这主要归功于G.tech公司基于脑波的拼写系统，该系统可以让瘫痪患者通过文字进行沟通。

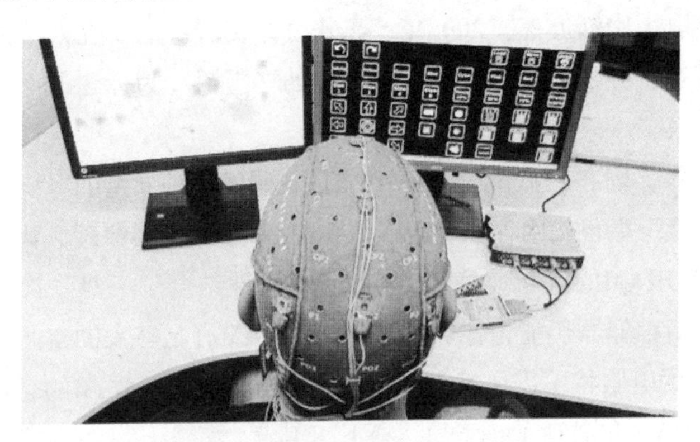

戴上奇怪的帽子进行思维控制 △

健全人群也可以从这种技术中获益：这种技术可以作为如触控板、键盘等其他与电脑互动系统的补充。G.tech公司开发出的软件可以识别用户在屏幕上关注的对象。想象一下，以前你面对电脑工作时需要面对很多窗口，而这种系统无须你手动点击就可以自动将你注意的窗口置顶。当然，为此而戴一顶奇怪的帽子是否值得就是另一个问题了。

4 硬盘就是内存，内存就是硬盘

内存读写速度快，但是一断电就失忆，而且同样容量价格却比其他存储设备高出许多，而硬盘便宜很多，容量也能做得够大，可是无论机械硬盘还是固态硬盘反应速度又远不如内存。

基础电子学教科书列出三个基本的被动电路元件：电阻器、电容器和电感器；电路的四大基本变量则是电流、电压、电荷和磁通量。任教于美国加州大学伯克利分校，并且是台湾新竹交通大学电子工程系荣誉教授的蔡少棠（Leon Chua），1971年发表《忆阻器：下落不明的电路元件》论文，提供了忆阻器的原始理论架构，推测电路有天然的记忆能力，即使电力中断亦然。2008年，惠普公司实验室的研究人员证明忆阻器的确存在，并发表了“寻获下落不明的忆阻器”为标题的论文，呼应前人的主张。

2013年，固态硬盘供应商SanDisk正在研发一种新型的系统存储器，未来也许能一举替代内存和硬盘。ReRAM基于忆阻器原理，代表电阻式RAM，将DRAM的读写速度与SSD的非易失性结合于一身。换句话说，关闭电源后存储器仍能记住数据。如果ReRAM有足够大的空间，一台配备ReRAM的电脑将不需要载入时间。致力于商业化ReRAM的企业包括惠普、ELPIDA（尔必达）、索尼、松下、美光、海力士等。

忆阻器可使手机将来使用数周或更久而不需充电；使个人电脑开机后立即启动；笔记本电脑在电池耗尽之后很久仍记忆上次使用的信息。忆阻器也将挑战掌上电子装置目前普遍使用的闪

忆阻器 △

存，因为它具有关闭电源后仍记忆数据的能力。利用惠普公司这项新发现制成的晶片，将比今日的闪存更快记忆信息，消耗更少电力，占用更少空间。忆阻器跟人脑运作方式颇为类似，惠普认为，或许有一天，电脑系统能利用忆阻器，像人类那样将某种模式记忆与关联。

忆阻器最简单的应用就是作为非易失性阻抗存储器，今天的动态随机存储器所面临的最大问题是，当你关闭电脑电源时，动态随机存储器就忘记了那里曾有过什么，所以下次打开计算机电源，你就必须坐在那儿等到所有需要运行计算机的东西都从硬盘装入动态随机存储器。有了非易失性随机存储器，那个过程将是瞬间的，并且你的电脑会回到你关闭时的相同状态。

忆阻器还能让电脑理解以往搜集数据的方式，这类似于人类大脑搜集、理解一系列事情的模式，可以让计算机在找出自己保存的数据时更加智能。研究人员称，他们现在能用一种不同于写计算机程序的方式来模拟大脑或模拟大脑的某种功能，即依靠构造某种基于忆阻器的仿真类大脑功能的硬件来实现。其基本原理是，不用1和0，而代之以像明暗不同的灰色之中的几乎所有状态。这样的计算机可以做许多种数字式计算机不太擅长的事情，比如做决策，判定一个事物比另一个大，甚至是学习。这样的硬件可用来改进脸部识别技术，应该比在数字式计算机上运行程序要快几千到几百万倍。

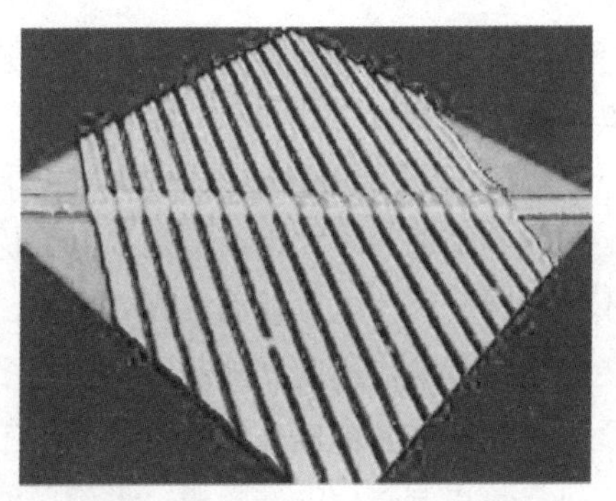

忆阻器在电子显微镜下的图像 △

5 桌无屏心有屏，未来显示技术

一个多世纪以来，人们总是在追求色彩更亮丽、更轻薄和更节省能源的显示方式，阴极射线管在走过了70年的光辉历程后已经无法满足人们的期望，渐渐退出了历史舞台，在家用和商业市场上让位于20世纪60年代发明的液晶屏和等离子屏。新出现的屏幕们往往是一个个小格子紧密排列而成的，最终如马赛克般拼出画面：等离子屏幕其实是诸多小型日光灯，而液晶屏则是装满了液体的大量小胶囊。

可弯曲显示屏的手机 △

微电子技术和新材料的发展革新，为屏幕带来了更多的挑战者，它们可能会让屏幕的概念变得模糊起来：采用有机发光二极管（OLED）的屏幕可以弯折或者透明；以E-ink为代表的电子纸屏幕正在压缩传统书籍的生存空间；量子点屏幕可能会在几年之内成为家用显示装置的标配；眼镜甚至隐形眼镜式显示器让显示无所不在——甚至还有直接刺激视觉神经以产生光感的设想，能彻底让屏幕遁于无形。

OLED也许可以算得上是屏幕界的明日之星。这种技术虽然在1975年就已经发明，但是直到最近几年才逐渐显露出巨大优势而成为厂商们追逐的热点：它不需要背光源，电压低而发光效率高，对比度和亮度都相当出色，而且更轻更薄、响应速度比液晶屏幕快得多。除了这些在显示性能上的优势之外，它还有其他额外的优点：采用不同的基板材料和不同的电极，人们已经可以制造出能够卷成一卷的柔性显示器和透明显示装置。

量子点屏幕，这个听起来有些科幻的名字是美国耶鲁大学物理学家提出的。量子点是一类特殊的纳米材料，往往是由砷化镓、硒化镉等半导体材料为核，外面包裹着另一种半导体材料而形成的微小颗粒。它能发出特定颜色的荧光。量子点的荧光颜色，与其大小密切相关，只需要调节量子点的大小，就可以得到不同颜色的纯色光。韩国的三星电子在2013年2月发布了全球第一款4英寸全彩色量子点显示屏，颜色和亮度更高，但是成本却只有OLED屏幕的一半。当这种技术变得更加成熟的时候，也许有实力和OLED一决高下呢。

如果从使用者的角度来看的话，一块屏幕也许就可以满足人们所有的需求，只要这块屏幕放在合适的位置——比方说，人们的鼻梁上。从2012年谷歌宣布开发眼镜式显示器开始，各大IT厂商们似乎一起发现了这片新蓝海，纷纷投身其中。人们都意识到，能在每天大部分时间占据

眼镜显示器 △

人们整片视野的设备，其实就是这种已经有了600年历史的透明薄片。

也许再过三五年，屏幕将会直接贴在我们的角膜上，把数字世界和真实世界叠加在一起。而随着技术的发展，屏幕这一连接我们和数字世界的工具将可以完全消失，成为我们身体内植入的一个小器件。如果能够把屏幕植入脑中，使用电流刺激视觉神经，就可以让大脑接收到视觉信号。也许在本世纪之内，我们就会看到真正与原生视网膜效果一样的体内植入屏幕，甚至会让大脑无法分辨哪些是真实的，哪些是虚拟的。

6 消失了的移动电话

2G手机的出现，让大哥大、BP机彻底消失了；3G智能手机让上网本无路可走；在未来，手机会不会也有消失的那一天呢？

消失方式一：透明化。

Bon Seop Ku 设计的手机 △

先看一个非常前卫的设计，由来自韩国三星的设计师Bon Seop Ku 设计的，打破传统的手机概念，这款手机最大的特点就是整体采用透明材质制成，手机正面整体是一块大屏幕，图标按键看起来像是由水组成的，该手机还将运用最新概念的液体型电池。

另一款未来设计，设计师 Seunghan Song 设计的 Windows 概念手机设想了一种能从手机上看到你目前天气的手机，当然，这并不是传统的天气预报的功能，而是如同你从房间的窗户看外面的样子。在晴天，该手机的玻璃显示界面会显得干净而清新，在下雨或者下雪天则会变得潮湿而模糊。如果你想要发送短信或者打一通电话，你只需要简单地朝上面哈一口气，然后手机就会自动进入手写模式。看起来不错，是吧？

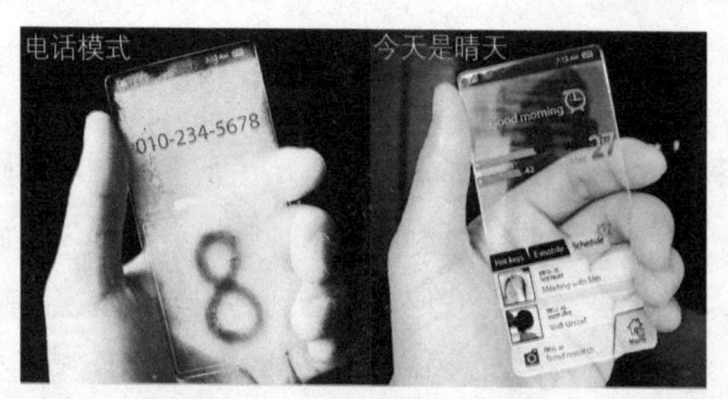

Seunghan Song 设计的 Windows 概念手机 △

可见，未来手机的趋势之一，就是全玻璃化的透明设计，让手机在视觉上消失掉。

消失方式二：改头换面大变身。

先看看由 Sunman Kwon 设计的概念手机通话吧。该概念手机具有一个佩戴于手腕前端的通用带子。带子由一个被扭曲成环状的小小的环连接。该装置支持 3.5G 或者 4G 通信标准，在那时，任何人都可以进行视频通话甚至进行更多的面对面的交流。激光装置将会被完整地嵌入该投影式手机，会在用户手指的上方投射出一个 3×4 的混合数字键盘。

当你从商店回来，两只手都提着袋子，突然有人打电话给你，你该怎么办？这个时候， Kambaia概念手机就可以大显身手了。除了作为一个提供电话功能的手机，你也可以把它当作一个耳环。只需要将这款手机向中间弯曲，一个首饰就会从手机中“叮”的一声掉出来。你可以把它挂在你的耳朵上，作为你的耳机。该手机使用多层聚合物来确保电子零件会被以一种难以置信的方式储存在如此苗条的机身之中。

再来看看传说中的iWatch吧，这是苹果公司最新推出的产品。初期，这款手表设备将搭配iPhone使用。然而真相不止于此。当你将目光放向长远，就会发现iWatch其实只是苹果逐步淘汰iPhone的初步策略。苹果公司深信在未来10年中，穿戴式计算机可能最终取代iPhone等智能手机，成为计算行业的弄潮儿。科技将会继续发展直至某个制高点，彼时，消费者不仅能够为自己购置一款平板电脑，而且还可以同时使用诸如手表或者眼镜式的穿戴式计算机。这些设备将允许人们完成一些简单的事情，比如语音通话、短信、快速搜索和语音导航等。

看来前卫的设计师们都不约而同地要把手机消灭掉，这也许是因为他们随意的个性使他们在生活中常常会丢掉自己的移动电话吧。

iWatch △

7 有没有能量块：电池的未来

现在的智能手机最容易被人诟病的问题就是续航时间短，手机已经发展好几代了，CPU都四核八核了，可是电池还是又大又重，还不经用。

由于电池的原理很难获得突破性的进展，很多人不再投入精力去研究，但还是有一些锲而不舍的科学家研究出了一些可能的解决方案，其中早前已经被大家讨论过的燃料电池的知名度最高，另外还有不少新技术正在研发之中，下面让我们来看看都有什么手机电池的新技术吧。

锂离子电池新技术

美国的科学家研制了新型锂离子电池，它拥有10倍于现在锂离子电池的容量，但是充电时间却缩短到目前水平的1/10。研究团队在石墨薄片中夹杂了层层的硅元素，利用石墨薄片的延展性来稳定硅在充电过程中体积的变化。如此一来，由于硅的作用，充电量可以提高十倍。除此之外，研究团队也利用化学氧化的过程，在石墨薄片上产生很多非常微小的孔隙(约10~20纳米)让锂离子可以透过，从而快速到达正极，大大缩短充电时间。

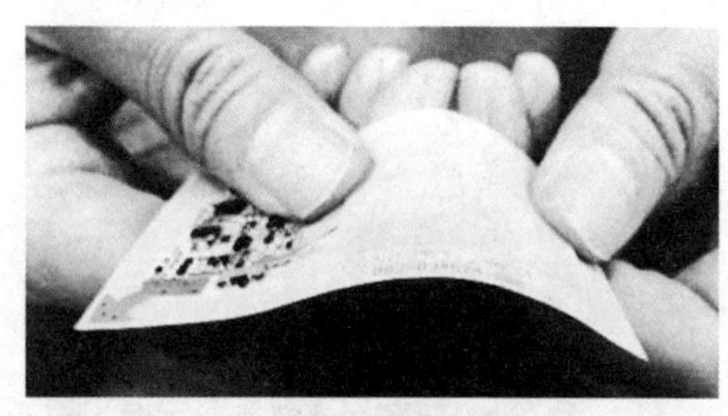

纸电池 △

纸电池

美国科学家发明出一种纸电池，这种电池可以随意弯曲，并且能够生物降解。

它本质上就是一张普通的纸，但却是通过非常智能的方式把碳纳米管（作为电极）嵌入纸中制成的，然后再把电解液渗入纸中，最终结果就是一种看起来、摸起来以及从重量上都与纸一样的设备。

燃料电池

燃料电池，顾名思义就是通过添加化学燃料来转换出电能来，而这种新技术也是最早为大家熟知的。便携式燃料电池外形仅为普通打火机大小，通过添加丁烷燃料来供电。该燃料电池可以为iPhone4充电约10~14次，基本上可以满足用户大概两周的使用。

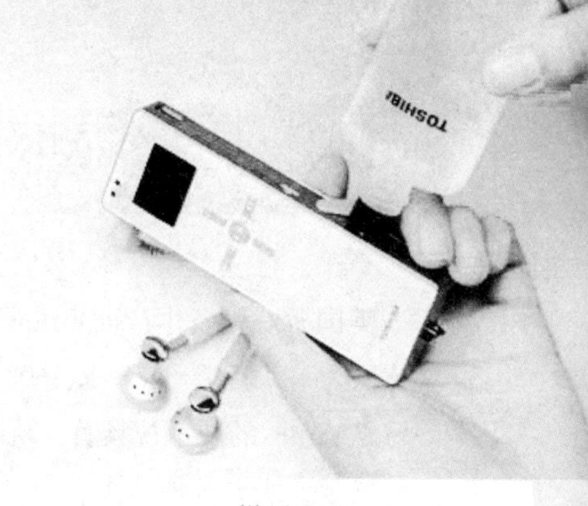

燃料电池 △

瑞典的一家公司发明了一款新型水燃料手机电池，它的主要燃料就是普普通通的水，使用起来十分环保。不过这种电池并非真正放置于手机之内的电池，而是类似于移动电源，也是比较便于随身携带的。

核电池

“玉兔号”月球车使用的是一块钚-238同位素热转换型核电池，它不仅可以确保探测器上仪器不被冻坏，夜间休眠中的月球车还可以靠核电池放出来的热量保温。

核电池重量轻、体积小，能经受强烈的振动，而且使用寿命长，如果作为电源，那将彻底改变数码设备需要充电的历史。但是人们对于核辐射的恐惧和高价格严重制约了核电池的民用化。

不过，我国科学家成功开发了利用钍代替铀作为新型核燃料的钍核电池技术，这种电池非常安全，而且电力十足，只要1克钍就相当于加了2.8万升的汽油，足以让悍马车跑19万千米。而且世界上已知的钍元素储量可以至少为世界提供1万年的能源支持。

这些新技术在短期内尚无法达到普及的水平，现有电池技术还将在一段时间内被广泛应用，不过我们还是期待新技术为我们的移动生活带来全新改变的一天。

8 亲历沙场：未来的游戏机

美国游戏设备生产商Virtuix将Omni全向跑步机与Oculus Rift头戴显示器合二为一，打造出了一款360° 全方位体感游戏平台。

从Virtuix的展示视频看，玩家在这款体感游戏平台中可以做出行走、跑动甚至跳跃等各种动作，配合Oculus Rift创造的全向3D视野，感受到前所未有的虚拟现实游戏体验。与传统的全向跑步机不同，这款产品没有使用束缚玩家身体的限速腰带，而是采用一个能自动跟随脚步运动的弧形滑动斜坡，保证用户原地跑跳。

游戏玩家们追求的最高游戏境界，必然少不了虚拟现实（VR）技术，而Virtuix公司研制的大型VR设备“Omni”，向更真实的虚拟实境游戏又迈进了一大步。

这款Omni设备目前来说，就像是一台360° 的全向跑步机。它的外围使用了一个环形支架，用以限制使用者的移动范围，让行走奔跑者不会在运动过程中超出跑步机本身大小的范围。因为这台跑步机的某些特性，它被用来作为人们进入虚拟世界的一个“基座”，也就是说，它将最终成为一个全向型Omni虚拟实境游戏控制器。

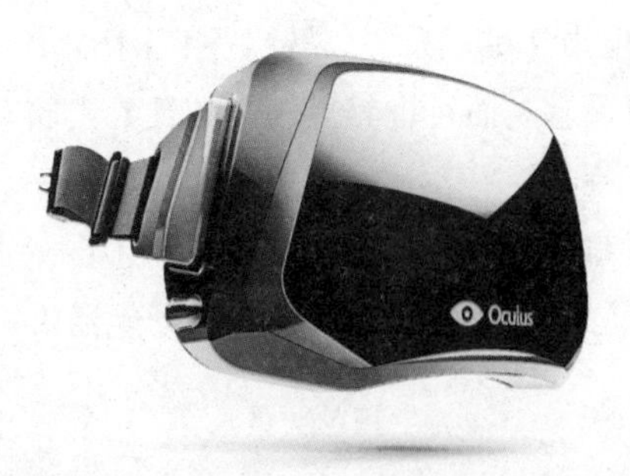

虚拟实境眼镜 △

该设备令人瞩目的特性是，它除了可以与微软的Kinect游戏配件相结合之外，还被接入了Oculus公司的虚拟实境眼镜。这些配件能让玩家在现实中360° 地控制游戏角色的行走和运动，并可以在声音、视觉甚至肢体动作上进入到虚拟的世界中去。

该设备在众筹平台Kickstarter上线还不到4小时，便突破了原本15万美元的筹款目标。尽管正式上市前买家只能买到一台“跑步机”，然后要另行自配Kinect游戏配件和一副3D虚拟实境眼镜，才能进入游戏。

还有一点遗憾是，眼下这个Omni设备只支持计算机平台，需要通过键盘操作，才能兼容PC游戏。

这款设备可能会让人玩得“头晕眼花”，与Omni设备配套的Oculus Rift 3D游戏眼镜内置高分辨率显示屏，可通过多种接口连接电脑或家用主机，以全方位的视频和音效为使用者虚拟一种身临其境的游戏体验。

戴上这个头盔式的眼镜后，游戏画面就将逼真地呈现在玩家眼前。它可以根据玩家的头部动作来传输同步画面，无论是转头还是侧身，Omni都可以轻松地检测到并在游戏中真实地还原动作，让玩家身临其境，在游戏的虚拟世界中自由、随意地走动，真正地融入游戏世界中去。

以往人们都是坐在电脑前一手握鼠标、一手按键盘玩游戏，这种新的虚拟实境游戏的乐趣却是让玩家站着玩，利用肢体动作直接完成游戏任务。玩家只需要穿上随机附送的专用的鞋子，站在Omni虚拟实境游戏机上，传感器就能够检测到玩家的漫步、奔跑、跳跃和卧倒等多种动作。

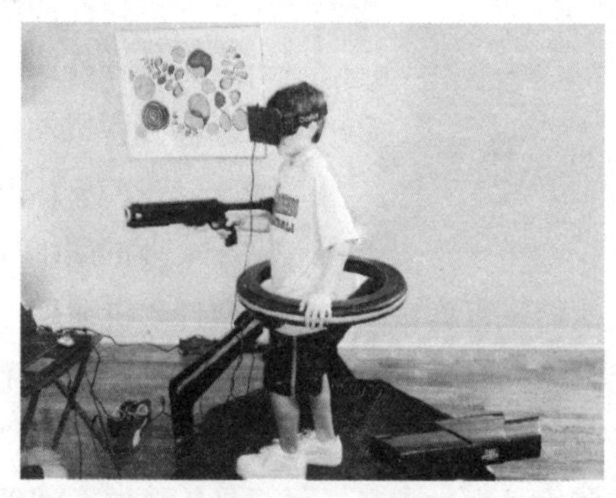

新型虚拟现实游戏机 △

正因为游戏是通过这些肢体动作来操作，而传输过程中有时又会出现延时的情况，初玩者或许会有晕眩感。

不管怎么说，这个设备的出发点是不错的，它完全可以被当成一个健身器材，并适合所有年龄段的人使用。

9 给打印机装上橡皮擦

都说3D打印是开启未来的技术，其实在打印领域，提倡环保的可擦除打印也是一个重要的发展方向，它能把打印机打印出来的文件擦除墨迹后再次利用，这就像给打印机装上了橡皮擦。

东芝公司研发出世界上第一台环保型多功能打印机，它可以删除打印文档中的文字和图像，从而使得纸张可以重复使用。

东芝e-STUDIO 306LP/RD30打印机

e-STUDIO 306LP/RD30打印机采用了一种特殊的调色剂，它产生一种可擦除的颜色，当其在高温下通过时可从纸上擦去，那么，纸张就可以多次反复使用。一张纸循环使用五次，就可以使打印机的二氧化碳排放量减少57%，也可以明显减少企业的用纸成本。

东芝表示，他们一直尝试生产环保型打印机，缩小打印机的外形尺寸并降低其重量，使它们更节能。不过，能够重复使用纸张还是标志着向前迈进了一大步。

这款打印机使用了生物塑料，而不是传统的石油塑料，这也进一步减少了这款设备20%的碳排放量。

英国剑桥大学工程师开发出一种新方法，能用激光清除纸上打印、复印上去的字迹和图像，有望带来一种具有“清除打印”功能的打印机或复印机，以重新利用打印过的纸张。相关论文发表在英国《皇家学会

学报A》上。

该技术是通过一种短脉冲激光加热，清除已经印在纸上的碳粉墨水，激光会让墨水蒸发而不会损害纸张，只要4/1 000 000 000秒就能清除多种打印和印刷品上的墨迹。研究人员还发现，虽然用紫外线激光和红外线激光都能有效清除墨水，但效果最好的却是一种可见的绿色激光。这种方法不会对纸造成任何物理伤害，也不会让纸变色，蒸发为气体的墨水还能通过一种过滤装置收集起来。

领导该研究的朱利安·奥尔伍德说："这一过程对多种碳粉都起作用，而不会伤害下面的打印纸，所以在办公室就能立刻重新利用这些纸，简便易行。"而且从环保角度看，该技术不仅能大大减少砍伐树木用于造纸，还能作为一种更廉价的循环利用技术。根据他们计算，目前制造一台"清除打印机"样机大概要1.9万英镑，随着技术改进和商业化以后，成本还会进一步降低。成本降到1.6万英镑时，从用纸需求角度考虑，在大部分办公室使用该设备就是合算的。他们现在已经和几家商业公司联系，这些公司对生产出第一台"清除打印机"很感兴趣。

研究人员认为，"清除打印"技术比用化学方法回收利用废纸更环保，不仅减少了对化学药品的需求，还能减少79%二氧化碳排放。

中国专利200710059324.2还提出了更好的解决方案，只需要对现在的激光打印机进行小规模的改进，就可以回收墨粉，让纸张能够再次利用。可惜由于种种原因，无法投入生产研制，让中国再一次失去了在创新领域走在世界前列的机会。

使用铅笔橡皮概念的打印机 △

10 通透看世界：全焦照相机

科学家已经发明了一种可让摄影者在照过照片后，重新调整不清晰图像的焦距的设备。你再也不用担心拍出的照片因为调焦不准而模糊了。

这种照相机的镜头非常特别，它的景深(照相机可以将外界景物保持在焦距之内的距离)是正常景深的10倍。它能利用照相机软件或计算机软件，将景物返回到焦距以内。该技术意味着摄影师在按动快门前，根本没必要调整照相机的焦距。

三菱电气实验室的科学家花费两年时间研发出这项创新产品，他们将它称作“外差光源照相机”。拉迈士·拉斯卡尔博士说：“焦点没对准的照片存在重大问题。但是现在我们能够改变原始照片，从中受益。”他的同事埃米特·阿格拉维尔博士说：“这意味着人们不必再担心焦距问题。”这个系统的关键因素是镜头和照相机之间的一个透明拉盖。这个拉盖被称为模糊或代码光圈，它上面留下一个由7行和7列像纵横字谜的图形组成的图案。

照相机中的一些小室中断了光线的进入，而另一些则允许光源通过。一个图像对准了焦点，产生的照片看起来和常规照片没什么两样。但是如果使用者想聚焦在人物表情上，这张照片就会变得模糊不清，照相机的自动调焦装置就不再聚焦在这个物体背后的事物上。因为这种方法让光圈改变了光线的流入量，因此它允许使用者在拍照后采用高级别景深重新聚焦。拉斯卡尔博士表示，未来这项技术将与照相机结合，为那些经常拍摄模糊照片的人提供安全保障。他说：“代码或模糊光圈给人们提供了额外保护，它在聚焦问题的理解上开辟了一个新天地，让我们进入全面理解这一问题的新阶段。”

2011年，美国Lytro公司推出新型“光场相机”，可先拍摄后对焦，

Lytro全焦照相机 △

创新拍摄照片的体验。该公司华裔创办人吴义仁（Ren Ng）早在2003年在斯坦福大学发表的博士论文中就提出了所谓光场摄影的概念。他表示，光场摄影当时只能通过100部相机相连，成为一部超级电脑，才能拍出照片。

据悉，使用Lytro“光场相机”拍照，照片模糊也没关系，只要接上电脑荧幕，点击鼠标，就可改变相片上的焦点，要哪里清楚哪里就清楚。

“光场相机”使用称为“微镜头阵列”的特殊感测器，将很多镜头放到一个小空间内，多角度捕捉到更多的光波信息，然后再用先进软件在电脑上调整焦点。

乔布斯生前曾与Lytro公司CEO会面，但不清楚苹果对Lytro技术的兴趣如何，目前苹果可能正在研发相关的数码相机产品。这些摄影技术方面获得的最新结果最有可能出现在iPhone的摄像头上，但是这种推测也不排除苹果会重新定义数码相机市场的可能性。

未来，这种全焦照相机与现有的数码相机或数码单反相机相结合，会带来一场摄影界的新技术革命。

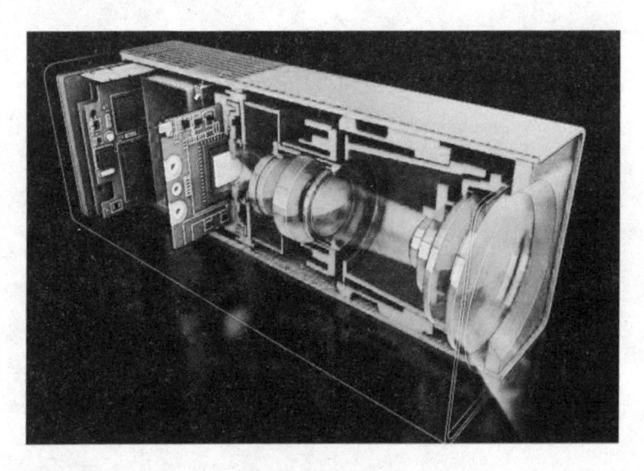
全焦照相机内部结构